北京市科学技术委员会
科普专项资助

空天传奇系列科普丛书

丛书主编　周日新

超越无止境
——航空史著名"第一次"

王钟强◎编著

北京航空航天大学出版社

内容简介

万事开头难。敢于开创一项新事业的人，无论成功与否，他们的业绩都值得我们永远铭记。在航空发展史上，有很多开创性的"第一次"。这些"第一次"的创造者不仅有让人敬仰的勇气和智慧，还有脚踏实地的实干精神，有的甚至付出了包括生命在内的沉重代价。他们的事迹成为后人宝贵的精神财富，激励着一代又一代的航空人前赴后继，勇往直前。本书选取航空史上诸多第一次涉及的事件、人物，讲述创造第一次的英雄们的传奇故事，弘扬他们身上体现出来的人类不断超越自我、挑战自我的奋斗精神，为后人增添继续探索、不断攀登新高峰的勇气。

图书在版编目（CIP）数据

超越无止境 : 航空史著名"第一次" / 王钟强编著
. —— 北京 : 北京航空航天大学出版社，2016.1
ISBN 978-7-5124-2011-3

Ⅰ.①超… Ⅱ.①王… Ⅲ.①航空 – 技术史 – 世界 – 普及读物 Ⅳ.① V2-091

中国版本图书馆 CIP 数据核字 (2015) 第 314820 号

超越无止境
——航空史著名"第一次"

王钟强 编著

责任编辑 胡敏

*

北京航空航天大学出版社出版发行

北京市海淀区学院路 37 号（邮编 100191） http://www.buaapress.com.cn
发行部电话：（010）82317024 传真：（010）82328026
读者信箱：goodtextbook@126.com 邮购电话：（010）82316936
中国铁道出版社印刷厂印装 各地书店经销

*

开本：700×1000 1/16 印张：10.75 字数：258 千字
2016 年 1 月第 1 版 2016 年 5 月第 2 次印刷
ISBN 978-7-5124-2011-3 定价：28.00 元

编委会

天外有天

《空天传奇系列科普丛书》序

自古以来，人类一直对天空充满着神秘感，寄托着飞天的企盼，于是发明了风筝、热气球、飞艇、滑翔机、飞机、直升机、火箭、卫星、飞船……一步步腾空而起，一程程远走高飞，从地球到宇宙，在浩瀚的天空翱翔，不仅能"坐地日行八万里"，一天绕地球一圈，还能挣脱地球的引力，将人送入远离地球300千米以上的太空，在那里遨游，停留……从第一个驾机腾空的莱特兄弟，到发明喷气式发动机的欧海因、惠特尔，从第一个进入太空的加加林到中国航天第一人杨利伟……人类在探索空间的征程中，创造了无数奇迹，留下了许多惊心动魄、感人至深的故事。天外有天，地外有地，天有多高，梦想就有多远，探索空间的征程永无止境。航空航天始终是探索宇宙的急先锋，是人类最伟大、最光荣的事业。

人们通常把地球表面以上的大气层空间称为空，在这部分空间的航行称为航空；而把地球大气层以外的广大空间称为天，在近地球和地球以外宇宙空间的航行称为航天，有时也称为航宇。可见，航天比航空的范围要大得多。无论是航空还是航天，都需要高度复杂精准的飞行器，它需要特殊的材料，特殊的设计，特殊的加工制造，以适应特殊的宇宙环境，并保持与地面联系的畅通。可想而知，每个飞行器都包含着无数的奥秘：为什么数百吨的飞机能够在高空飞行？为什么宇宙飞船可以在漫无边际的天河里行舟？空中旅行与地面旅行有什么不同？在失重环境下，人们是怎样生活的？……

为了揭开这些引人入胜的奥秘，北京航空航天大学出版社邀请国内一批知名专家和科普作家，创作了"空天传奇系列科普丛书"。作者们以独特的视角选取了航空航天中颇有代表性的八个主题，从不同的方面展现了航空航天的迷人世界，把载人航天器的今生来世徐徐道来，航母舰载机的非凡战绩活灵活现，既显示了空中旅行的快捷与舒适，也抒发了出使宇宙的神奇与豪迈。我作为探索自然奥秘的痴迷者，被空间科学的博大精深和这套丛书的丰富内容深深地吸引，也被航空航天人的博大胸怀和大无畏精神所感动。期待着这套丛书早日与读者见面。

中国科普作家协会理事长
中国科学院院士

主编序

　　1897 年，巴西青年桑托·杜蒙坐在气球下用柳条制成的吊篮里，抓起一个沙袋扔下后，气球系着吊篮冉冉升空，杜蒙感觉周围的空气好像静止不动，随着气球一起上升着。他完全痴迷了，升空是如此快乐，好像不是气球在上升，而是大地在下沉！

　　1963 年，美国飞行员瓦尔克驾驶飞机升上 107.9 千米高空，成为名副其实的驾驶飞机的航天员，他经历了 3 分钟失重的感觉，体验到脱离地球桎梏的喜悦，看到了置身美丽太空似被蓝白色彩带所包围着的弯弯的地球！

　　人类关于航空航天的梦想源远流长，而航空航天之魅更是无与伦比，无数人为之痴迷，为之奋斗，不惜牺牲生命。千百年的努力，成就了今天航空航天事业的辉煌。

　　航空实现了人类自古就有的升空梦想，航天更是让人类迈出了走向太空的重要一步。

　　今天，航空航天仍是神秘的高科技领域，人们对航空航天的好奇心有增无减。人类进军航空航天的势头更为强劲。航空航天又是现代国防的重要组成部分，随着我国各种新型号战机和大型客机的推出、航空母舰的服役和载人航天的发展，航空航天正在走向大众，大众也迫切需要了解航空航天的前世今生，普及航空航天知识不仅可以满足人们的好奇心，还将对我国的国防事业起到积极的推动作用，可促使更多优秀的青少年投身于祖国的航空航天事业。

　　2003 年飞机诞生 100 周年之际，北京航空航天大学出版社邀我主编了一套 10 册的"百年航空系列科普丛书"，在社会上产生了一定的影响。13 年后的今天推出的"空天传奇系列科普丛书"则吸收了航空航天领域的最新成果，内容更为翔实，故事更为生动，装帧更为精美，力争给读者一个全新的感受。

　　本丛书共 8 册，均由资深航空航天科普专家撰写，内容涉及航空器设计、航空史第一次、航空动力、空中旅行、航母舰载机、载人航天器、探访太空、拓荒宇宙诸领域，记述了航空航天发展的前世今生以及为之拼搏的探索者，可以说是最新版的航空航天概览。

　　愿此丛书能够给青少年航空航天爱好者和广大读者带来知识与愉悦。

丛书主编　周日新

作者自序

　　航空科技是20世纪兴起和走向成熟的现代科学技术门类之一。今天，航空科技对国际政治、经济、军事、社会生活都产生了重大影响和巨大促进，成为现代人生活不可或缺的重要组成部分。

　　回顾航空发展史的历程，不难发现，古代中国人在航空科技领域取得过重大成就。在古代中国出现过很多利用空气动力原理工作的器具和物件。例如：战国时代有人用木材和竹子制成能"纵飞上天"的木鸟和木鸢；早在汉代以前发明的风筝，被国外公认为重于空气飞行器的起源；东汉王莽年代有人用鸟羽做成两只翅膀捆在身上，从高处往下飞数百步落地；中国民间流传久远的玩具竹蜻蜓，大约在18世纪传入欧洲，最终演进成为现代直升机；公元1000年左右已经问世的走马灯，是现代燃气涡轮原理的原始应用；靠热气浮升的松脂灯，又名孔明灯、天灯，其原理与热气球完全相同，比法国蒙哥尔费兄弟发明的气球要早800多年……

　　但是，古代科技的辉煌，不能掩饰近代中国科技严重落伍的现实，尤其是航空领域。自飞机发明100多年来，中国人在推动航空技术进步方面留下的足迹太少了，中国航空科技落后的现状，让每个航空人汗颜。导致近代中国科技落后的原因是多方面的，包括：近代中国落后封建社会制度压制了中国人的创新思维；闭关锁国的政策扼杀中国人创新思维的发展；拒绝学习西方先进的科学技术，不进则退；落后的教育体系也严重阻碍了科技的发展……

　　今天，创新是引领发展的第一动力。要创新，离不开宣扬创新文化，努力培育全社会的创新精神，包括大力提倡敢为人先、敢冒风险的精神，勇于竞争和宽容失败的精神。航空与探索共生，与挑战共生，与冒险共生。一部航空发展史，就是一部人类挑战自然、挑战自我、挑战极限的历史，第一架飞机上天、第一次飞越大西洋、第一次飞越太平洋、第一次突破声障……航空的每一次进步，都是一次人类对自然、技术和自身生理心理、极限的挑战。

　　本书包含航空史上诸多的"第一次"，讲述创造第一次的英雄们的传奇故事，弘扬他们身上体现出来的人类不断超越自我、挑战自我的奋斗精神，激励广大青少年继续探索、不断攀登新的高峰。

王钟强

目 录

第一章

石破天惊

空中飞人

　　1891 年的夏天，在柏林附近德尔维茨村边的一个小土丘上，43 岁的德国人奥托·李林达尔双手紧握着滑翔机木制的"大翅膀"，助跑、奋力一跳，"大翅膀"开始在空中摆晃，最终落到 25 米开外的平地上，这就是人类飞行实践的起点。

奥托·李林达尔

　　李林达尔是人类历史上有充分证据的第一个完成可重复滑翔飞行的人。他遵循早先英国乔治·凯利爵士创立的滑翔试验方法，为航空学三大问题（即升力、动力和方向控制）中的第一个问题找到了答案：利用固定的拱形机翼产生浮力。法国航空先驱费迪南说，"1891 年李林达尔在空中首次成功飞行的那个瞬间，就是确定人类能够飞行的时刻。"

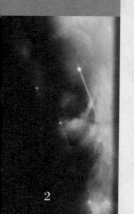

升力

　　升力就是向上的力。升力来源于机翼上下表面气流的速度差导致的气压差。飞机的升力绝大部分是由机翼产生。尾翼通常产生负升力，飞机其他部分产生的升力很小，一般不必考虑。

痴迷于飞行

　　李林达尔于 1848 年 5 月 23 日出生在德国普鲁士安克拉姆市，父亲是个布商。在李林达尔生活的年代，飞行尚被人们视为异想天开，可李林达尔不信这一套。受当时流行观念的影响，他也认为像鸟一样扑翼飞行是人类上天的唯一途径。1861—1873 年，李林达尔从十岁开始就和弟弟古斯塔夫·李林达尔制造了扑翼机和动力飞机模型，但这些模型都飞不起来。因此，他们决定自己试验，以取得气动力方面的第一手数据。他们不断地观察空中飞行的鸟类，积累了很多鸟翅形状、面积及升力大小的数据。他们发现鹳总是迎风起飞，由此兄弟俩得出第一个结论：没有初速就没有飞行。

1867 年，李林达尔兄弟开始用自制的旋臂机进行气动力试验，对鸟的飞行进行精准的研究，用图形描述鸟翼的气动力，并进行了大量试验，以收集可靠的气动力数据。他们反复调整试验参数：臂长为 2.2~7.8 米，试验平板为 0.1~0.6 平方米，试验速度为 0.3~40.13 米 / 秒，试验件迎角分别在 3°、6°、9°、15°、60°、70°、80°、90° 之间调整转换。他们在定量试验基础上获得了以下结论：升力与速度的平方成正比；利用平板机翼进行飞行是不可能的；弯曲翼面的升阻比特性比平板的好得多。但是，这些认识有的后来被证明是错误的。

1889 年，李林达尔把对鸟的研究和试验结果写成《作为航空基础的鸟类飞行》出版，该书后来被认为是航空科学的基础著作。由于当时连一些著名的科学家都认为人类飞行是一件愚不可及的事情，所以李林达

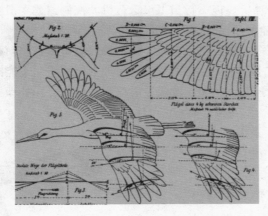

李林达尔研究鸟类飞行绘制的草图

尔只好自费出版这一著作，最终只售出不到 300 本。尽管发行数量极少，但它在航空史上却是划时代的，成为同时代很多航空先驱的必读书。美国威尔伯·莱特在 1901 年 11 月写给美国另一位航空先驱查纽特的信中说，"我多次阅读及研究李林达尔的著作及附图，这是一部相当出色的著作。"

献身飞行

在完成了相当详尽的气动力试验研究之后，李林达尔开始分步骤地进行滑翔机设计和试验。从 1891 年到 1896 年，李林达尔先后制造了 18 种不同形式的滑翔机，其中有 12 种是单翼机，6 种是双翼机或多翼机。

定量试验

目的是测出某对象数值，或求出对象与数量之间的经验公式。

查纽特

查纽特（1832—1910 年），移居美国的法国人，精通铁路工程，52 岁才转向对飞行的探索，被誉为"双翼滑翔机之父"。他发表的《飞行机器的进展》是当时对飞行器历史和现状分析的权威著作，被后人公认为当时最重要的科学文献之一。查纽特在推动美国和欧洲之间航空技术信息的交流、推动早期航空事业的发展方面功不可没。

第一章 石破天惊

他制造的滑翔机除了翼面面积的大小和布局不同外，机翼形状大部分是像大鸟翅膀一样的翼型，即用肋条制成弯曲的辐射状骨架，然后蒙上蒙皮。另外，还有蝙蝠状的弓形翼，中部装设吊架，飞行员悬挂在吊

单翼滑翔机

架上，靠摆动身体来改变重心位置，借以控制滑翔的方向和速度。

李林达尔的滑翔机利用摆动身体来改变重心以达到控制目的，很像现代的悬挂滑翔机。但飞行员很难进行机动控制，遇到滑翔机下坠也很难恢复，只有他的两条腿和下身能摆动。

他想了很多办法改进稳定性，包括搞双翼机（在翼面积固定的情况下翼展可以减小一半）、在滑翔机后面加上尾部舵面（能向上移动以利于飞行末段的控制）；他还设想让滑翔机能像鸟一样扑动翅膀，为此他曾考虑过有动力的飞机。

李林达尔采用从高处往下跳的办法滑翔，台子的高度从 1 米到 2.5 米、到 5 米，后来他又搬到一座 15 米高、由垃圾堆成的小山顶上。他先后滑翔了二三千次，飞行的距离一般在 100~250 米，最远的达到 300 米。

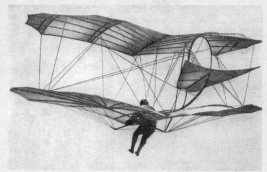

双翼滑翔机

1893 年，李林达尔在其家附近建立了一处飞行站，滑翔距离加长到近 250 米；制造了几架飞行机器，包括一个由发动机驱动的"拍打翼"机器；还架设了"飞行山"，直到今天这座"山"还矗立在柏林里希特菲尔德，成为当地的一个景观。就在这一年，李林达尔在一份给美国史密森研究院发表的报道中介绍了自己滑翔的经过，他说，"最初的尝试是在我们的花园里的草地上进行的，我选择了一个高约 1 米的跳板，从那里带着我们的装置倾斜跳下。经过几百次这种跳跃后，我逐渐使跳板高度增加到 2.5 米，在这个高度上我

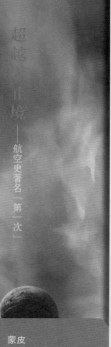

蒙皮

蒙皮的作用是维持飞机外形，使之具有很好的空气动力特性。蒙皮承受空气动力作用后将作用力传递到相连的机身、机翼、骨架上，受力复杂，加之蒙皮直接与外界接触，所以不仅要求蒙皮材料强度高、塑性好，还要求表面光滑，有较高的抗蚀能力。

仍然能安全地飞过整个草坪。"

1894年，李林达尔成批生产了所谓的"标准滑翔机"。1895年他推出了人类历史上第一张飞机销售广告，并以500马克的单价售出了8架自制的滑翔机，其买主主要是德国人，也有来自德国之外的飞行爱好者。在欧洲慕尼黑、莫斯科、伦敦、维也纳和美国华盛顿的博物馆里，至今还收藏有李林达尔的滑翔机。李林达尔被认为是人类历史上第一位

建在故乡安克拉姆的李林达尔博物馆

飞机制造商。此外，李林达尔还在德国各地为飞行爱好者举办讲座，所以他还被认为是人类历史上第一位飞行教师。

除了研究飞行，作为工程师的李林达尔还是一个发明家，1877年获得的矿用机械专利是李林达尔一生获得的23项专利（其中4项是航空专利）中的第一项。

李林达尔对飞行简直达到了着魔的程度，也因此经常遍体鳞伤。1896年8月9日，他在试飞11号滑翔机时，开始阶段似乎一切正常，

人不能像鸟一样飞行

人类在尝试飞行的初期，一直是很直观地模仿鸟类，使用各种鸟羽或其他人造物制成翅膀，"安装"在人的身上。在经历了许多次失败之后，人类逐渐认识到单纯地利用羽翅是不能飞行的。

1680年，意大利人波莱里在《动物的运动》一书中讨论了鸟的飞行原理，还研究了人类飞行的可能性。他的结论是："人依靠自己的力量进行扑翼飞行是不可能的。"与波莱里同时代的英国人罗伯特·胡克也认识到："人想要飞起来，胸部得有两米宽，还要长出丰满且强有力的肌肉和翅膀。"俄国著名学者茹科夫斯基说："人类没生翅膀。就人的体重与肌肉之比而论，人类要比鸟类弱72倍……然而，我认为，人类凭借自己的智慧而不是依靠自己的肌肉，定会翱翔于天空。"

在模仿鸟类实现飞行的想法失败之后，又经过漫长的探索，人类才开始转向研究用固定翼实现飞行的梦想，李林达尔是使用滑翔机研究飞行最为成功的一个。

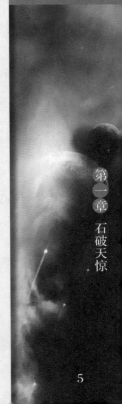

茹科夫斯基

尼古拉·耶戈洛维奇·茹科夫斯基：（1847—1921年）是俄国著名空气动力学家、现代航空科学的开拓者，为苏联发展航空科技奠定了基础。1886年起，茹科夫斯基历任莫斯科大学和莫斯科高等技术学校力学教授，共有170多部著作，其中约60部是论述空气动力学和飞行器的。1920年12月，苏联政府颁布一项特别决定，称茹科夫斯基为"俄罗斯航空之父"。

第一章 石破天惊

5

但几分钟后，一阵大风突然刮来，将滑翔机吹得失去了控制。李林达尔从17米高处重重地摔在地上，脊椎折断，第二天在柏林的一家诊所中不治身亡。临死前，他对周围人留下的最后一句话是"必须有人为此做出牺牲"，可见他对航空研究的执着。

李林达尔的死震动了当时尚属幼年的航空界。英国《航空杂志》在1897年1月创刊号上发表文章，对李林达尔的遇难深表哀悼，同时也分析了他试验失事的原因。文章说，大意和缺乏理论知识或许是他献身的主要根源。文章还说，尽管李林达尔在过去的5年间进行过上千次试验，从未发生过事故，但实际上潜在的危险始终存在。他在滑翔飞行时，经常是一开始飞行平缓，突然一阵风吹过把他高高地抬起，而这种突变事件事先都没有任何征兆。只是他的经验很丰富，常能化险为夷。

影响深远

为了对滑翔机进行改进，李林达尔兄弟将许多滑翔飞行的情况拍成照片，然后加以分析和研究。这样，他们留下了大量极其珍贵的飞行历史照片，不仅为同时代的飞行研究提供了极其有益的借鉴，而且也为航空史研究留下了宝贵的第一手资料。李林达尔滑翔飞行的照片、试验情况、记者描述、个人访问记等成了当时十分热门的话题，相关文章经常出现在报纸杂志上，他成了19世纪最后10年名副其实的"空中飞人"。

李林达尔是德国飞艇航行促进会的会员，经常把自己的试验结果写成文章在促进会出版的《航空杂志》、《大气物理学》、《普罗米修斯》等学术和大众科普刊物上发表。这些刊物在美国、法国和俄国等国家都有翻译出版。由此，很多人从世界各地来拜访他，包括美国的兰利、俄

兰利

塞缪尔·皮尔庞特·兰利（1834—1906年），美国天文学家、物理学家，航空先驱，测热辐射计的发明者，一直致力于可操纵、有动力的飞机研究事业。为纪念兰利，史密森研究所于1908年设立了兰利奖章，用于奖励在航空领域做出贡献的人，首个兰利奖颁发给了莱特兄弟。

悬挂滑翔翼

国的茹科夫斯基、英国的皮尔策、奥地利的克雷斯。茹科夫斯基说，李林达尔的飞行机器是航空界最重要的发明。

美国莱特兄弟和李林达尔虽然从未谋面，但通过查纽特的介绍，他们保持着密切的联系。有记载说，莱特兄弟看了报道李林达尔的文章后，暗下决心，"要加快研究，不能输给德国人"，后来当他们看到李林达尔不幸坠机身亡的消息时，又感到无比惋惜。莱特兄弟在探索飞行的征程中，也借鉴过李林达尔滑翔飞行的方法，但是在经过两个季节的滑翔之后，他们放弃了李林达尔的气动力数据，而开始使用自己的风洞数据。1909年9月，奥维尔·莱特在德国滕珀尔霍夫机场进行了飞行表演，其间他拜访了李林达尔的遗孀，表达了他们兄弟对李林达尔的敬意。

李林达尔一生奋斗，尽管自己没有实现载人动力飞行的愿望，但为后人奠定了成功的基础，人类飞行的夙愿一步一步走向成功。李林达尔的牺牲并没有吓倒后来人，只过了7年多，到了1903年12月，美国莱特兄弟终于驾驶他们设计的飞行器成功地实现了人类第一次持续有动力飞行，人类从此进入了真正的航空时代。今天，世界各地广泛开展的滑翔运动是对"空中飞人"李林达尔最好的纪念。

滕珀尔霍夫机场
滕珀尔霍夫机场：曾经是柏林三个主要机场之一。早在1909年机场尚不存在时，就迎来了航空活动，包括法国飞行员和美国奥维尔·莱特等在此进行了表演。1923年10月8日，滕珀尔霍夫机场正式启用。由于经营亏损严重，该机场已于2008年10月31日停止运营，所有航班均转至扩建后的柏林－舍讷费尔德机场。

当代滑翔运动

滑翔运动是指无动力（或关闭发动机）的重于空气的航空器利用重力及风力做下滑等飞行运动。用于滑翔运动的飞行器种类包括滑翔伞、动力滑翔伞（动力伞）、悬挂滑翔翼（三角翼）、滑翔衣、滑翔机等。

1. 滑翔伞目前是全球最流行的滑翔器之一，因制作简单、费用低廉、便于携带而广受欢迎。和跳伞运动最大的区别就是，滑翔伞运动可以通过山坡起飞、盘升气流而达到滑翔的目的。

2. 动力滑翔伞（动力伞）主要由滑翔伞与发动机两大部分组成，起降灵活，不受场地限制，飞行技术简单易学，爱好者越来越多。

3. 悬挂滑翔翼（三角翼）是硬翼滑翔器，避免了滑翔伞的折翼问题，飞行时抗风性和抗乱流性比滑翔伞要好，但是其携带和运输不便以及对起飞场地和降落场地要求较高，因而普及程度不及滑翔伞。

4. 滑翔衣与前两项滑翔器的最大区别是依靠它不能在斜坡起飞，而需要从近乎垂直的悬崖或者高空跳下滑翔，利用滑翔衣的滑翔运动只会成为少数极限爱好者挑战自我的运动。

5. 滑翔机依靠牵引起飞，或者靠自身的辅助动力起飞后滑翔，也有一些轻便的滑翔机可以像无动力三角翼一样从山坡起飞。

7

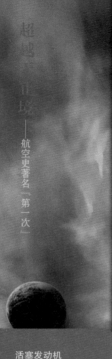

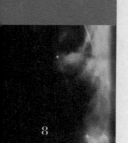

谁是第一？

按今天主流的说法，美国的莱特兄弟在1903年12月率先把重于空气的有人驾驶飞机送上蓝天。这次成功的飞行标志着人类征服天空的梦想开始变为现实，也标志着人类进入了航空时代。然而，也有资料显示，新西兰的理查德·皮尔斯、苏格兰的普雷斯顿·沃森，特别是从德国移民到美国的古斯塔夫·怀特赫德在莱特之前都有过把飞机送上蓝天的纪录。

活塞发动机

活塞式航空发动机按气缸的冷却方式分为液冷式和气冷式两种。早期飞机的飞行速度很低，多采用液冷式发动机；随着飞行速度的提高，可以利用高速气流直接冷却汽缸，气冷式发动机遂得到广泛应用。

马力

马力是工程技术上常用的一种计量功率的单位。一般是指米制马力而不是英制马力。1米制马力等于每秒把75千克重的物体提高1米所做的功。

莱特兄弟

莱特兄弟——哥哥威尔伯·莱特和弟弟奥维尔·莱特，俩人在家乡美国俄亥俄州的代顿仅读完中学课程，即开始从事自行车修理制造业。兄弟二人自幼对飞行怀有浓厚的兴趣，曾潜心观察和研究鸟的飞

莱特兄弟

行，阅读有关飞行试验的新闻和报道。他们按照德国人李林达尔的思路走先滑翔飞行以掌握稳定操纵技术，进而实现动力飞行的道路。1900—1903年间他们共制造了3架滑翔机，在北卡罗来纳州基蒂霍克附近的斩魔山进行了近千次滑翔飞行，最后一架滑翔机完全达到了稳定操纵的要求。为得到一台重量轻而功率足的动力装置，莱特兄弟和他们的助手查尔斯·泰勒合作，制成一台4缸的水冷式汽油活塞发动机，能产生12马力（约8.82千瓦）的功率，将它装在以其第三架滑翔机为基础制成的飞机上，命名为"飞行者"1号。

"飞行者"1号采用双翼布局，上机翼的翼面为弯拱形，下机翼的剖面为平凸形，翼展12.3米，机长6.34米，机翼面积47.4平方米，起

莱特兄弟经营的自行车店

飞质量340千克。总体气动外形为鸭式布局，即双翼式的升降舵装在前面，两个方向舵装在后面，12马力的发动机装在下机翼靠近中间的部位，通过传动机件带动机翼后面的直径为2.59米的两副螺旋桨。结构材料为蒙布和木材，上下机翼之间用支撑柱加强。飞行员则俯卧在下机翼上面。

1903年12月14日，莱特兄弟开始第一次试飞，结果没有成功，飞机刚拉起来就重重地摔在地上。为此，兄弟俩为修理受损的飞机整整忙活了3天。1903年12月17日，"飞行者"1号在基蒂霍克终于试飞成功。这一天他们共飞行4次，第一次由弟弟奥维尔·莱特驾驶，飞行距离36米，留空时间12秒；最后一次由哥哥威尔伯·莱特驾驶，飞行距离达260米，留空时间59秒。这是被世界公认的最早的可控动力持续飞行。

1903年12月17日，"飞行者"1号在基蒂霍克

怀特赫德

然而，在航空史学界关于谁是史上第一个发明飞机的人，还有另外一些说法。据史料记载，新西兰的理查德·皮尔斯、苏格兰的普雷斯顿·沃森，特别是从德国移民到美国的古斯塔夫·怀特赫德在莱特兄弟之前都有过把飞机送上蓝天的纪录。2013年3月，世界上最权威的航空史专著

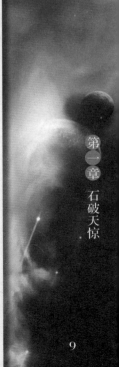

鸭式布局

把常规布局中水平尾翼移到主翼之前机头两侧的一种气动布局形式，可以用较小的翼面达到与后置、较大水平尾翼同样的操纵效能，且前翼和机翼可以同时产生升力。早期的鸭式布局的飞机飞起来像一只鸭子，"鸭式布局"由此得名。

第一章 石破天惊

《詹氏世界飞机年鉴》载文称，"康涅狄格州航空先驱古斯塔夫·怀特赫德 1901 年 8 月 14 日的飞行是航空史上第一次成功的动力飞行，比莱特兄弟的飞行早两年多。"

怀特赫德本是德国人，名字叫古斯塔夫·魏斯科普夫，1874 年元旦出生在德国南部一个叫洛特豪森的小城，父亲是个木匠。当时正是李林达尔进行滑翔飞行研究的时期，魏斯科普夫从小就对滑翔飞行十分感兴趣。他经常用自己制作的纸飞机来模仿鸟类飞行。上学时同学们称他是"会飞的小动物"。不幸，魏斯科普夫 13 岁时父母双亡成了孤儿，靠祖父抚养长大。小学毕业后因家境艰难，他先在一家机器厂当过钳工，后在开往巴西的轮船上当过伙计，1892 年逗留在美国波士顿。魏斯科普夫到美国后，把意译为"白头"的德文姓氏翻译成英文"Whitehead"，他在美国定居后就一直叫"怀特赫德"。

滞留在波士顿的怀特赫德一没有钱，二没有工作。但由于有以前和李林达尔通信中学到的一些滑翔知识，他被波士顿航空学会招聘去制造

德国人古斯塔夫·魏斯科普夫

飞行器。受李林达尔的影响，他设计成一架"波士顿飞行者"号双翼机，带手操纵的螺旋桨和活动机翼，但 1896 年在第一次试飞中就摔碎了，怀特赫德失望地离开了波士顿，先后在纽约、匹兹堡、布里奇波特等地谋生。即使生活如此颠沛流离，他始终没有放弃飞行的理想。多次失败并没有使怀特赫德和他的同伴灰心。在后来的日子里，他和同伴利用业余时间先后制造了 18 架飞机，大部分是滑翔机。1900 年，他找到一个值夜班的工作，以便白天能全力以赴地制造飞机。第二年夏天，他完成了第 21 号飞机。该机翼展 10.7 米，机长 4.9 米，采用两台 20 马力（约 14.7 千瓦）的乙炔气发动机。飞机采用封闭机身，有供两个人活动的空间，还装了起落架和可以折叠的机翼。8 月 14 日晨，飞机在布里奇波特附近

的海滩飞上了天。怀特赫德在一封给《美国发明者》的信中叙述了那天的 4 次飞行。8 月 19 日，目击那天飞行的记者在当地《星期日先驱报》发表了一整版有关的报道：飞机飞了 800 米远，约 16 米高。遗憾的是，报道中没有飞行照片。不久怀特赫德又制成第 22 号飞机，1902 年 1 月

17 日在长岛海湾上空第一次飞了约 3 千米，降落在水面上；第二次飞了 11.2 千米，高度约 135 米。

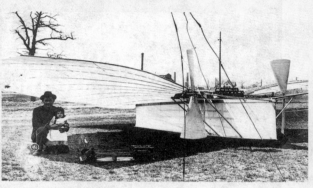

1901 年怀特赫德和女儿在第 21 号飞机前

怀特赫德是个穷苦的普通人，在当时的条件下，想继续制造和试验飞机当然会遇到很多困难。为了积攒经费，他为别人设计和制造过 30 多台发动机，在发动机设计制造和其他领域有不少创新。总之，怀特赫德在美国的那段生活可以说是穷困潦倒的，1927 年 10 月 10 日，他在工作中由于心脏病突然发作而死去，结束了贫困而有作为的一生。据他的女儿回忆，他们一家只有在夏天日子才好过一些，因为她可以靠采集浆果赚些零钱补贴家用。

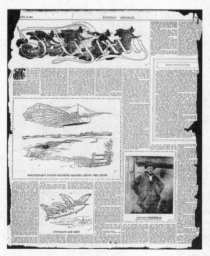

刊登怀特赫德飞行报道的报纸

对怀特赫德 1901 年的成功飞行，虽然在布里奇波特地方报纸上有过报道，但没有引起人们的注意。直到 1937 年，有人重新发现那篇报道，并再次公布出来。同年，一位名叫伦道夫的记者还写了一本书《默默无闻的飞行》。20 世纪 60 年代初，美国空军一位少校军官威廉·奥德怀尔帮助他在布里奇波特的一个朋友搬家时，在顶楼上偶然发现一批材料，里面有设计图、各种文献资料和计算手稿等。经研究证实，怀特赫德曾经在那所房子里住过。奥德怀尔在其他军官和记者伦道夫的帮助下，整理了那批材料，又找

当事人谈话，在档案中查找可以证实怀特赫德飞行的证据。1964 年 8 月14 日，也就是怀特赫德成功飞行 63 年以后，奥德怀尔把他的发现公诸于众并轰动一时。伦道夫又写了第二本书《莱特兄弟飞行之前》，终于

美国布里奇波特为怀特赫德树立的墓碑。是不是要把世界上第一个
飞行地点从基蒂霍克迁到布里奇波特的官司至今还未了结

让更多的人知道了事情的真相。后来，奥德怀尔和伦道夫被洛特豪森市授予荣誉市民称号。一些国家的航空史学团体开会决议，于 1966 年在美国布里奇波特为怀特赫德树起了一块墓碑，上面刻着："飞行第一人，古斯塔夫·怀特赫德，康涅迪格州布里奇波特，生于 1874 年，死于 1927 年。"

名垂史册

怀特赫德和莱特兄弟差不多在同一时期先后成功地实现了重于空气的飞行器的动力飞行。但是他们在历史上的地位却大相径庭，原因何在？笔者认为，莱特兄弟在首次飞行成功之后，坚持不懈地又进行了多年的试验和改进，终于使有人驾驶的动力飞行日臻完善。莱特兄弟的发明改变了世界，难怪 20 世纪末各种机构、媒体举办的"世纪十大发明"之类的评选活动中，莱特兄弟和他们的飞机无一例外地总是榜上有名。

反观怀特赫德，即使 1901 年 8 月的飞行确有其事，但由于经济等原因事后偃旗息鼓，再也没有动静，自然不会有什么影响力。尽管怀特赫德的飞行试验在当时是"默默无闻"的，但他毕竟为航空技术的发展贡献了一生的精力，理应受到后人的尊重。让莱特兄弟、怀特赫德和其他对航空发展有所贡献的人物一起名垂史册吧。

20 世纪十大发明

不同人从不同角度可以归纳出各自的"20 世纪十大发明"。下面是美国《科学世界》杂志从众多的发明中选出的改变 20 世纪的十大发明：拉链、集成电路、飞机、飞艇、水中呼吸器、石膏绷带、尼龙、火箭、电视、电冰箱。

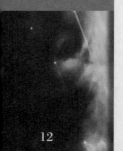

超越——航空史著名「第一次」

12

"莱特飞机"知多少?

1903年12月17日"飞行者"1号的所谓成功,只是飞机能离开地面飞起来而已,距离实用还有很长的路要走。为了让社会特别是美国军方认识飞机的价值,莱特兄弟努力了很多年。据统计,他们反复修改设计,共制造过32种飞机。下面是他们制造过的主要型号:

1903年"飞行者"1号,第一架有动力且能完成持续、受控飞行的飞机。

1904年"飞行者"2号,几乎是1号的翻版,但第一次使用了"弯头"螺旋桨。

1905年"飞行者"3号,前翼和方向舵与机身的距离都加长了,以便更容易控制。

1907—1909年莱特A型,第一种双座飞机。

1909年"军事飞行者",比莱特A型略小、速度更快,卖给美国陆军信号部队,成为第一架军用飞机。

1910—1914年莱特B型,由新成立的莱特公司生产,是第一种批量生产的飞机,也是第一种没有前翼的莱特飞机。该型号尾部有单升降舵,有机轮,从而可不依赖滑轨起飞。

1910年莱特R型,也称"莱特跑车"或"小莱特",是一种为了竞技而制造的单座飞机,安装8缸发动机,速度能达到112~128千米/小时。

1911—1912年莱特EX型,是在R型基础上专门为飞行表演而制造的单座飞机,是第一种完成横跨美国大陆飞行的飞机。

1912—1913年莱特C型,取代莱特B型成为标准的莱特飞机。

1913年莱特CH型,是莱特公司制造的第一种水上飞机。

1913年莱特E型,是装有单螺旋桨的单座表演机。

1913年莱特F型,是第一架有机身的莱特飞机,也是第一种带T型尾翼的飞机,升降舵改放在方向舵的上面。

1915年莱特HS型,是H型的缩小型,速度和爬升率得到改善。这也是莱特公司制造的最后一种发动机后置的推进式飞机,最后一种采用双垂直安定面的飞机。

1915年莱特K型,是为美国海军制造的水上飞机,是莱特公司制造的第一种螺旋桨前置的拉进式飞机,还是第一次使用副翼的莱特飞机。

1916年莱特L型,是为满足美国陆军对轻型快速侦察机的需求而设计的单座飞机,也是莱特公司制造的最后一种飞机。

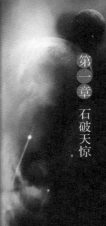

T型尾翼
即水平尾翼安装在垂直安定面上的构造型式。相对于常规布局的尾翼形式,T型尾翼布局的飞机通常来说发动机都安装在中后机身,重心较常规布局飞机靠后,同时绕机翼流动的气流对平尾的干扰小,所以乘坐较为舒适。

第一章 石破天惊

13

第一次广告飞行

　　1910年，美国著名传媒大王赫斯特悬赏5万美元，奖励第一个在30天之内横穿美国飞行的人。加布雷斯·佩里·罗杰斯找到芝加哥护肤品公司要求赞助，双方达成协议：公司为罗杰斯的飞行在密西西比河以东每英里付给5美元、密西西比河以西每英里付给4美元；罗杰斯自己出钱购买一架莱特兄弟制造的"莱特EX型"飞机，飞机机身上要画上该公司刚刚推出的"Vin Fiz"品牌的葡萄口味软饮料的商标。这是飞机第一次被用于商业广告宣传。

　　1911年9月17日罗杰斯离开纽约羊头湾，经过数不清次数的着陆、推延和事故，在49天之后抵达加利福尼亚州帕萨迪纳。罗杰斯用82小时4分钟飞行了4321英里（约6914千米）。遗憾的是，他超过了赫斯特规定的30天的时限，没有拿到50000美元的大奖，但他成为航空史上第一个横穿美国飞行的人、第一个在空中做广告的人、第一个创造远程飞行纪录的飞行家。很可惜，他就像一道流星，四个月后在一次试飞中死于空难。

英里

　　英制长度单位。1英里=5280英尺=63360英寸=1760码=1.609344千米。

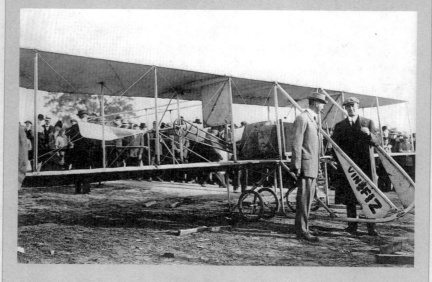

第一次带着商业广告宣传飞行的"莱特"EX型飞机

航空史上第一桩学术丑闻

莱特兄弟研制的"飞行者"1号在英国展出

这是一幅英国伦敦南肯辛顿科学博物馆航空陈列室陈列的摄于1933年的老照片，摆在最前面的是李林达尔滑翔机的模型，后面一架就是莱特兄弟研制的装内燃机的双翼机"飞行者"1号。该机从1928年到1939年一直在这里展出，直到1948年才终于回归美国，在史密森博物馆展出。

史密森学会是世界最大的博物馆系统和研究联合体。1887年，美国天文学家、物理学家兰利成为该学会第三任秘书长，1896年5月他进行了无人飞机模型的试验，从船上弹射起飞，获得成功，在航空史上被认为是比空气重的飞行器的首次持续动力飞行。随后，兰利获得了美国政府5万美元以及史密森学会2万美元的支持，试图建造一架有人驾驶的飞机。1903年10月7日和12月8日，兰利的载人飞机两次试验都告失败，为此政府取消了对研制飞机的支持。

兰利（右）和他的助手

就在兰利飞行失败9天之后，莱特兄弟的飞机飞行成功了，莱特兄弟证明了兰利的信念：人类是可以飞行的。但是，问题出在兰利和莱特兄弟之间社会地位有着很大的差距：前者是著名科学家、史密森学会秘书长；而后者只是名不见经传的两个"草根"。有着巨大声望的史密森学会不能容忍"发明飞机第一人"的桂冠落到两个普普通通的年轻人头上。

兰利1906年去世后，接任史密森学会第四任秘书长的瓦尔考特博士有意抬高兰利而贬低莱特兄弟，处心积虑地要把兰利奉为最先发明飞机的人。尤为恶劣的是，1914年，就在美国联邦法院宣布寇蒂斯等人侵犯莱特兄弟的专利权时，史密森学会却与寇蒂斯联手造假，让经过重大改动后的兰利飞机飞上蓝天，演出一场闹剧，成为航空史上一桩丑闻。

在这种情况下，奥维尔·莱特怀着愤懑的心情于1928年同意把"飞行者"1号送到伦敦南肯辛顿科学博物馆。直到1942年9月，第五任秘书长查尔斯·艾博特博士发表一项声明，公正客观地评价了莱特兄弟的发明，"飞行者"1号才于1948年12月17日运回美国。

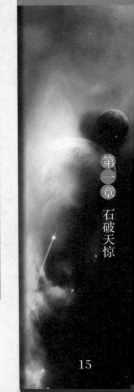

第一章 石破天惊

超越天之境

——航空史著名『第一次』

埃菲尔铁塔

矗立在法国巴黎的战神广场，高300米，天线高24米，总高324米，是巴黎最高的建筑物，也是法国文化象征之一，巴黎城市地标之一，于1889年建成，得名于设计它的著名建筑师、结构工程师古斯塔夫·埃菲尔。

巴西杜蒙

世界上大多数人承认，美国的莱特兄弟是飞机的发明者。但巴西人却始终认为他们国家的阿尔伯托·桑托斯·杜蒙才是货真价实的"航空之父"、"飞机发明家"。

迟到的英雄

2006年巴西举国纪念杜蒙成功飞行一百年的时候，巴西空军正式承认杜蒙是自行完成飞行的第一人，巴西总统追认他为"国家英雄"。

阿尔伯托·桑托斯·杜蒙

驾飞艇绕飞埃菲尔铁塔

在19世纪末、20世纪初的欧洲，航空探索有着更加广阔和雄厚的基础，涌现出无数"大牌航空先驱"，法国巴黎当时就被视为"世界航空的首都"。杜蒙在这里创造出一系列非凡的业绩：成为欧洲第一个制造出能转弯飞行的飞艇的人；第一个驾驶飞艇绕埃菲尔铁塔飞行一周的人；第一个在欧洲实现动力飞机飞行的人；第一个被权威机构认定为创造飞行纪录的人；也是世界上第一架超轻型飞机的设计和制造者。

1873年7月20日，杜蒙诞生在巴西圣保罗一个咖啡庄园主的家庭中，在全家8个孩子中排行老六，童年是在父亲的咖啡种植园里度过的。富裕的生活条件和良好的教育使他从小就热爱科学，喜欢摆弄

杜蒙的飞艇绕飞埃菲尔铁塔

16

机械。他深受凡尔纳科幻小说的影响，10岁以前就读完凡尔纳的很多作品，幻想自己也能在气球上度过5个星期和用80天游历世界。10岁时，杜蒙就开过庄园里的拖拉机和小火车。1891年，17岁的杜蒙随父亲来到巴黎。

当时在巴黎聚集着许多汽车制造家和飞行先驱。杜蒙在家庭教师的帮助下，学习物理、化学、机械和电工，熟悉汽车技术，对飞行也很感兴趣。1897年，杜蒙聘请的气球驾驶员第一次让他乘坐气球升到空中，不久杜蒙就学会了自己驾驶和设计气球。1898年，杜蒙设计的"巴西"号气球飞上天空，这是当时能带人飞行的最小的气球。

杜蒙站在飞艇下面的挂篮里

这时，前卫的航空爱好者已在探索如何解决气球飘行中的方向控制问题了，杜蒙自然不甘落后。1898年到1905年期间，杜蒙一共造了14艘飞艇。前两艘飞艇在试飞中都摔坏了，但这没有使杜蒙气馁，1900年他又造出了第3号飞艇，但在试飞时也因方向舵失灵摔坏了。就这样，杜蒙以顽强的毅力造了摔坏，摔坏再造。直到1901年10月19日，杜蒙终于驾驶他的第6号飞艇，从巴黎郊外的圣克卢起飞，向市区飞去。飞艇飞得很低，人们能清楚地看到坐在驾驶舱中的杜蒙。市民们兴奋地欢呼跳跃，一片沸腾。飞艇绕埃菲尔铁塔飞行一周后，返回了出发地。这次飞行共费时29分30秒，航程12千米。杜蒙拿到一笔奖金，他把一部分给了制造飞艇的机械师，其余全都分给了周围的穷人，这个为人热情而机敏的巴西人征服了巴黎人的心，不久被授予"法兰西荣誉勋章"。

到1903年，杜蒙研制的第9号飞艇已相当完善。因为当时还没有空中交通管制的规定，杜蒙可以乘坐飞艇到巴黎郊外森林上空飞行，有一次还把飞艇降落在豪华大酒店的门前，自己进入餐厅就餐，成为轰动一时的新闻。

一飞冲天

受到传闻中美国人已经在积极试验动力飞行的影响，杜蒙在1905年完成第14号飞艇之后，也转入飞机的研制。1906年，杜蒙带着自己的飞机设计去请法国当时颇有名气的航空先驱——瓦赞兄弟协助制造，制成了一架有前翼的盒形双翼风筝式飞机，取名叫"捕猎鸟"。该机长9.7

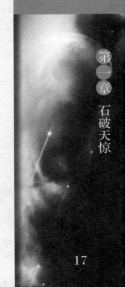

空中交通管制

利用通信、导航技术和监控手段对飞机飞行活动进行监视和控制，保证飞行安全和有秩序飞行。在飞行航线的空域划分不同的管理空域，包括航路、飞行情报管理区、进近管理区、塔台管理区、等待空域管理区等，并按管理区不同使用不同的雷达设备。在管理空域内进行间隔划分，飞机间的水平和垂直方向间隔构成空中交通管理的基础。由导航设备、雷达系统、二次雷达、通信设备、地面控制中心组成空中交通管理系统，完成监视、识别、导引覆盖区域内的飞机。

第一章 石破天惊

17

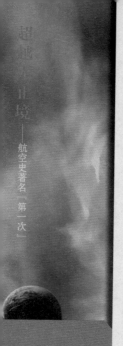

米，翼展 11.2 米，翼面积 52 平方米，总重约 300 千克。最初装 1 台 18 千瓦的安托瓦内特发动机，预计飞行速度约为 40 千米/小时。"捕猎鸟"飞机没有多少技术创新，但却把莱特兄弟飞机、澳大利亚人哈格里夫的盒式风筝、法国人瓦赞水上滑翔机等的优点集中起来，构成了当时来说非常完美的机型：机翼在前、盒式风筝形机翼和尾翼、带有上反角的机翼、直径 2.5 米的双叶螺旋桨、张线式加强索，甚至还加装了一对副翼。

　　1906 年 9 月 13 日，杜蒙驾驶"捕猎鸟"的首次飞行是由第 14 号飞艇携带进行的，在巴黎市郊布洛涅森林中的广场上空飞行了 7 米，可能由于飞机太重之故，仅离开地面不到 10 厘米。这次试验之后"捕猎鸟"因此获得了新的名称——"14-比斯"，意味着它是第 14 号飞艇的兄弟 14 号乙。实际上，二者是完全不同的两种飞行器，一个是飞艇，一个是载人的动力飞机。10 月 23 日，换装了 36.8 千瓦的安托瓦内特 8 缸水冷发动机后，飞机 14-比斯飞行了近 60 米，离地高度约为 2 米，成为被官方承认的"欧洲首次持续、有动力、可操纵的飞行"；11 月 21 日，再次换装 50 千瓦的发动机后，14-比斯在同一地点创造了留空 21.2 秒、飞行距离 220 米的纪录，最高时速达到 37.36 千米，有幸成为新成立的国际航空联合会（FAI）承认的第一项飞行速度世界纪录。

国际航空联合会

　　国际航空联合会（英文缩写 FAI），1905 年 10 月 14 日在法国成立，现在总部设在瑞士洛桑。FAI 的宗旨是：促进航空和宇宙航空运动在全世界的发展；确认、核实国际纪录；制定航空和宇宙航空比赛的规则；汇集、分析和传播有助于改进飞机设备、飞行安全的情报。FAI 现有 100 多名会员国家。

FAI 的标识

　　欧洲第一架飞机 14-比斯的成功使世界航空形势发生了重大改变。对美国人莱特兄弟的成功，起初欧洲人一度持怀疑态度，有人甚至说"这是两个美国骗子的把戏"，当欧洲出现了自己的飞机后，人们的观念发生了变化，飞机不再是幻想和不可能的东西，它已经现实地摆在世人面前。在杜蒙试验成功的激励下，欧洲航空迅速进入新的发展时期，航空领域的新人和新机不断涌现，飞机性能迅速提高，很快就达到和超过莱特兄弟的水平。

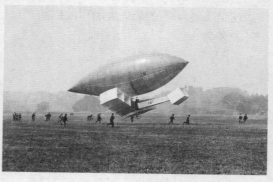

杜蒙驾驶 14-比斯起飞

1907 年 11 月,杜蒙造出一架翼展仅 5 米,用一根竹竿作机身的 19 号飞机。该机虽然没有取得巨大成功,但它却是现代超轻型飞机的"始祖"。第二年,经过改进,杜蒙制成著名的"蜻蜓"号飞机,并试飞成功。这架小飞机翼展 5.41 米,机长 7.92 米,重 118 千克。机身由三根竹竿构成。驾驶员坐在机翼下一块用两根竹竿绷紧的帆布上。28 马力(约 20.58 千瓦)卧式双缸达拉克发动机装在机翼上面。1909 年 3 月,"蜻蜓"号的改进型机飞上了蓝天。杜蒙宣布,他的设计不申请专利,可以免费向所有人提供。

对于莱特的"飞行者"和杜蒙的"14-比斯"哪一个才是"第一种实用飞机"的问题,一直存在争议。争议的焦点在于,"第一种实用飞机"的标准是什么。国际航空联合会(FAI)是一个跟踪各种航空纪录和航空活动的机构,其规则中有这样的条款:"凡被承认保持纪录的飞机,均应能依靠自己的动力上天。"根据这一条,杜蒙的追随者认为,在技术上 14-比斯是第一种固定翼飞机,而莱特兄弟的"飞行者"不是。因为 1906 年杜蒙的 14-比斯飞上天的时候,莱特飞机只有滑橇而没有轮子,还需要木制的起飞架才能离地,或要借助弹射器升空(原理上和当代航空母舰上用的弹射装置是一样的)。

反过来,支持莱特飞机的人则认为,14-比斯的实用性值得怀疑,因为它几乎没有可操纵性,飞行的距离或时间也短。当时,14-比斯无法控制转弯、飞圆圈,超过 1 分钟飞行、带一名乘客或达到离开树木或建筑物的安全高度,这些它都达不到,而莱特飞机做到了。

今天,一些学者仍坚持认为杜蒙是真正的"飞机发明家",并归纳出三点理由:

(1)杜蒙 1906 年的飞行过程完整,起飞、飞行、降落三个阶段都没借助外力;而莱特兄弟 1903 年的飞行要靠弹射升空,飞机上没有起落架。

14-比斯的原尺寸模型

(2)杜蒙的飞行有专业人士和公众的亲眼见证,还有人把飞行全过程用胶片记录了下来,影像资料至今保存完好;而莱特兄弟的飞行没有客观的证人,目击者多是自行车行的员工。

起落架

起落架是航空器下部用于起飞、降落或地面(或水面)滑行时支撑航空器并用于地面(或水面)移动的附件装置。早期由于飞机的飞行速度低,对飞机气动外形要求不高,因此飞机大多采用固定的支架和机轮。随着飞行速度不断提高,暴露在外的起落架阻碍了飞行速度的进一步提高,于是人们便设计出了可收放的起落架。完整的起落架由减震器、收放系统、机轮和刹车系统以及转弯系统等组成。按布置形式分为前三点式、后三点式、自行车式和多支柱式起落架;按结构可以分成构架式、支柱式、摇臂式和浮筒式起落架。

第一章 石破天惊

（3）莱特把所有技术都申请了专利，杜蒙什么都没申请。前者忙着把飞机卖给各国军队赚钱，而杜蒙则对把飞机用于空战和空袭深恶痛绝。

杜蒙制造的第一架轻型飞机——"蜻蜓"号

时至今日，杜蒙在巴西乃至国际航空史上仍然享有很高声誉。据不完全统计，在巴西的国家名片——邮票上，从 1929 年以来，有 10 多个年份出过 20 多种不同图案的以杜蒙和他的飞行器为主题的邮票；在国际上，以杜蒙和他的飞行器为主题的邮票也不下数百种。巴西空军正式承认他是自行完成飞行的第一人。里约热内卢两个民用机场之一也以他的名字来命名。甚至巴西的总统专机（A319 的公务机型）也是用杜蒙的名字命名的。几年前，巴西总统还追认他为"国家英雄"，迄今只有 9 位巴西人获此殊荣。

哈格里夫的"盒式风筝"

风筝作为古代中国在航空探索方面的代表，对现代航空技术的发展产生过重要的影响和启迪。风筝的飞行表明，除了像飞鸟、昆虫那种扑翼的方式以外，采用固定翼、拉力和升力分开的方式也可以实现飞行。这对后来飞机的发明有重要的启发作用。

哈格里夫在制作盒式风筝

从这个意义上说，风筝是现代飞机的鼻祖。

在飞机发明之前，风筝被广泛用于探索飞行问题的试验。19 世纪后期，英裔澳大利亚人劳伦斯·哈格里夫投入很大精力研究风筝的飞行。为了提高风筝的升力，他制作出新式的"盒式风筝"，亦称"箱形风筝"。1894 年他试飞了第一个盒式风筝。盒式风筝的优点是质量小，强度大，稳定性好。20 世纪初在欧洲研制中的很多飞机和滑翔机，包括瓦赞、阿奇迪肯、布莱里奥和桑托斯－杜蒙等人的飞机，都是根据盒式风筝设计的。

我发明了世界的苦难?

1910年的一天,杜蒙在驾驶一架飞机时失事受伤,此后他放弃了飞行事业。1914年第一次世界大战爆发,杜蒙认为自己发明的飞机是理想的防御武器,因为它可以用来侦察敌情。但他很快发现飞机成了杀人工具,许多飞行员在空中格斗中丧生,死于空袭的平民更是难以计数。杜蒙感到深深的自责。1928年,在欧洲闯荡了半辈子的杜蒙回到了巴西,在里约热内卢北郊的佩特罗普利斯定居下来,仍然热衷于各种发明、创造。不久,他患上了多发性硬化症,身体每况愈下。杜蒙目睹了飞机在战争中的巨大杀伤力,对自己早年十分热衷并为之付出心血的飞机竟被用作杀人工具感到十分沮丧,因此决定不再从事飞机设计了。1932年7月23日,这位杰出的航空先驱在瓜鲁亚自家浴室用领带自缢身亡,时年59岁。在自杀当天他留下遗言:"我发明了世界的苦难。"

杜蒙去世时巴西正在打内战,听到噩耗后,交战双方都停战一天,以示哀悼。战争结束后,巴西于1932年12月21日在里约热内卢为杜蒙举行了国葬。葬礼十分隆重,飞机在送葬队伍上空盘旋,撒下鲜花为这位伟大的先驱者送别。

第一次世界大战

第一次世界大战从1914年8月开始到1918年11月结束,历时4年3个月,战火席卷欧、亚、非三大洲,参战国家或地区达34个,受战祸波及的人口达15亿以上,约占当时世界人口总数的75.5%。

双旋翼共轴式直升机

双旋翼共轴式直升机是直升机的一种,其基本特征是:两副完全相同的旋翼,一上一下地安装在同一根旋翼轴上,两副旋翼间有一定间距。两副旋翼的旋转方向相反,它们的反扭矩可以互相抵消,这样一来就用不着安装尾桨了。直升机的航向操纵靠上下两副旋翼总距的差动变化来完成。

第一种国产超轻型飞机

胡继忠教授设计、北京航空航天大学组织制造的"蜜蜂"系列飞机是我国第一种超轻型飞机,30多年来先后诞生了"蜜蜂"1号(无线电遥控伞翼机)、"蜜蜂"2号(超轻型飞机)、"蜜蜂"3号(双座双翼飞机)、"蜜蜂"3C号、"蜜蜂"4号、"蜜蜂"6号(小型热气飞艇)、"蜜蜂"11号(全封闭座舱超轻型飞机)、"蜜蜂"16号(双旋翼共轴式直升机)、"蜜蜂"21号等共20余种型号,其中"蜜蜂"3C号、"蜜蜂"4号、"蜜蜂"11号等优秀机种已经广泛应用于航空测量、航空拍摄、娱乐飞行、空中观光、农业灭虫等各种领域。

"蜜蜂3号"超轻型飞机

2013年8月举办"2013 AOPA飞行大会——克什克腾草原空中那达慕"(AOPA即飞机所有者及飞行员协会)活动时,正值中国制轻型飞机首飞30周年,为表彰胡继忠教授为中国轻型飞机的发展做出的杰出贡献,中国AOPA在活动开幕式上授予胡继忠教授"终身成就奖"。

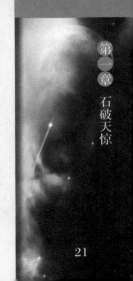

第一章 石破天惊

21

东方莱特

距美国人莱特兄弟发明飞机之后不到 6 年，中国一位年轻的打工仔在美国奥克兰附近的派德蒙特山丘成功试飞了自己试制的飞机。两天后，《旧金山观察家报》报道了这次试飞的消息，并做出"在航空领域内，中国人把白人抛在后面"的评价。我国航空学者经过认真考证，认为冯如在中国航空史上拥有九个"第一"：第一位飞机设计师、第一位飞机制造家、第一位飞行家、第一位（民办）航空企业创始人、第一位提出和实践航空救国思想的人、第一位携带自制飞机回国效力的华侨、第一位"飞机（队）长"、第一位驾驶在国内制造的飞机并在国内成功飞行的人、第一位在本土殉难的航空先驱。

冯如

一百多年前，中国第一位设计、制造和试飞飞机的冯如，在飞行表演中因操纵过猛，造成飞机失速而坠落在一片竹林里，冯如被抛出机外，头、胸、股部均受飞机构件重创，因抢救不及时以至失血过多，以身殉国，年仅 29 岁。在弥留之际，冯如还勉励助手"勿因吾毙而阻其进取之心"。冯如的一生，是为中华的崛起而奋斗的一生，他把短暂的也是毕生的精力都献给了祖国的航空事业。2009 年，在"中国航空百年暨空军建军 60 周年纪念活动"启动仪式上，时任中央军委委员、空军司令员许其亮说，"冯如是中国军事航空倡导的第一人，我们不能忽视他所代表的精神和价值"，称他为"中国航空之父"是理所当然的。

一鸣惊人

冯如于 1884 年 1 月 12 日出生在广东省恩平县莲岗堡杏圃村一农民

家庭，童年仅读了几年书便辍学牧牛。当年，恩平是侨乡，很多人为了生计漂洋过海。1895年，年仅11岁的冯如跟着亲戚远涉重洋，到美国旧金山谋生。据说，那个时候出国，不用护照，也不用买船票，只要有熟人，跟着上船、打小工就可以出去。

在异国他乡，华人饱受歧视和侮辱。冯如起初在纽约一家工厂做工，不但工资比白人低，还曾被无理解雇，只好转到另一工厂工作。冯如先后在船厂、电厂和机器厂当学徒，历时7年。转换工厂或工种，虽然给他带来了工作上的困难，但也让他接触到了更多种类的机器，扩展了他学习机器知识的广度和深度。就这样，冯如白天打工，晚上发奋夜读，学习英语和科技知识。

冯如对于机器制造的偏爱，缘于他强烈的爱国心。其时恰逢甲午战争失败、日俄战争打响，巨大的屈辱激发着每一个中国人，年轻的冯如在日记中写道："尝谓国家富强，由于工艺发达，而工艺发达，必有赖乎机器。今中国贫弱极矣，非学习机器不足以助工艺之发达。"

1903年12月，莱特兄弟成功发明飞机的报道，深深吸引了冯如，让他产生了效仿莱特兄弟试制飞机的念头。"吾闻军用利器，莫飞机若，誓必身为之倡，成一绝艺，以归飨祖国。苟无成，毋宁死！"

对当时刚刚问世的飞机，冯如有自己独特的认识。早在1906年，冯如曾对学生朱竹泉说："日俄战事大不利于祖国，当此竞争时代，飞机为军事上万不可缺之物，以其制一战舰，费数百万之金钱，何不将此款以造数百只之飞机，价廉工省。倘得千只飞机分守中国港口，内地可保无虞。"这个说法可以说是15年之后意大利人杜黑开创的"制空权"思想的朴素先声。

1908年5月，已从纽约回到旧金山的冯如和几位助手在奥克兰租了一间厂房。在几位华侨参股的情况下，他们倾尽所有，连工具、材料折款在内只筹到1000余美元，中国第一家飞机制造厂——"广东制造机械厂"在美国奥克兰成立。为了圆自己的飞机梦，冯如立志"壮国体，挽利权"，参考了许多航空书刊，尤其对欧美航空先驱杜蒙、法尔芒、莱特和寇蒂斯等飞机设计师的资料进行了认真研究与分析，以辅佐设计。

1909年9月，冯如和他的助手终于完成了中国人自己设计、自己制造的第一架飞机——"冯如"1号，该机与莱特早期的飞机构型相似，也是双翼、构架式机身，推进式发动机安装在下翼的中央，鸭式操纵布局，甚至方向舵也和莱特飞机的完全一样，但改进了着陆装置，在滑橇起落架的末端安装了4个轮子。1909年9月17日傍晚，冯如为了检验飞机装配是否得当亲自驾机升空，但因发动机过热熄火而坠落，幸亏只

第一章 石破天惊

摔坏一个机轮，损失不大。经修复后，1909年9月21日傍晚，"冯如"1号再次试飞。飞机顶着强风起飞，升至3~5米高，环绕一个小山丘飞行了约800米。尽管距离短，但已经是莱特首次成功飞行的距离的几倍了，为中国动力载人飞行史谱写了光辉的第一页！

1909年10月，广东制造机器厂扩充为广东制造机器公司，随即开始研制功率更大的飞机。新飞机经多次改进、试飞，仍一再受挫，甚至摔毁，但冯如和助手没有气馁。其间父母多次来信催他回国与家小团聚，

冯如和他的助手制造的第一架飞机

但冯如发誓说："飞机不成，誓不回国。"1910年2月下旬，冯如还赶到洛杉矶看莱特飞机的飞行表演。然而飞行表演只能在几千米以外远远

"冯如"1号和"冯如"2号

"冯如"1号是指1909年9月21日冯如试飞的那一架飞机。由于飞机装配上存在缺点，只能算是基本成功。经过6次改进，最后完成的飞机称"冯如"2号，于1911年1月18日，由冯如驾驶在奥克兰市的旧金山湾岸边的广场公开试飞，是一次完全成功的飞行。

"冯如"2号的翼展约18.3米、翼弦长1.37米、机长4.63米（一说10.93米）、机高2.3米。发动机为寇蒂斯V形8缸形式，发动机功率74马力（约54.39千瓦）、最高转速1500转/分、螺旋桨直径1.83米，飞机总重328.86千克（一说376千克）。飞行性能达到：最大速度105千米/小时（一说76千米/小时）、最大飞行距离35千米、最大飞行高度260米。

第一个提出"制空权"理论的杜黑

飞机发明后不久，许多国家的军事统帅因看不到它身上潜藏的扭转未来战争乾坤的巨大潜力，而将其束之高阁，严重影响了空军的建设和发展。在这个关键时刻，意大利出现了一个伟大的人物，为空军未来的发展和建设指明了方向，他就是被世界公认为制空权理论的鼻祖、发展空军的理论奠基人——朱里奥·杜黑（1869.5—1930.2）。

杜黑在他的《制空权》一书中明确指出，"航空为人类开辟了一个新的活

意大利人杜黑

地张望，根本看不到飞机的细节，这更加激发了他依靠自己的努力研制飞机的决心。

冯如回到奥克兰后，又经过两次试飞，最后终于在1911年初研制成功一架全新的飞机——"冯如"2号。1911年1月18日晨，冯如亲自驾驶该机在离旧金山海湾不远的一个广场作公开试飞。飞机在滑行30余米后即凌空而上，升至约12米高，在环绕广场飞行约1600米后，向旧金山海湾飞去，然后折返，飞越奥克兰郊区的田野，徐徐降落在先前起飞的广场上。这是一次完全成功的飞行。美国《旧金山星期日呼声报》用整版通栏大标题刊出"他为中国龙添翼"的海报，并以巨龙、冯如飞机和冯如像作为套题装饰，详细介绍了冯如其人其事。

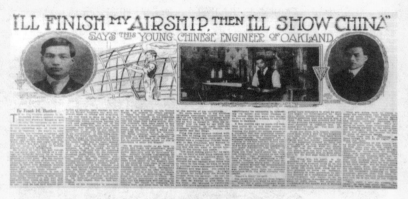
美国报纸对冯如造飞机的报道

动领域——空中领域，结果就必然形成一个新的战场。"他认为，未来将有三个战场，而不是两个战场，原来控制陆地和海上战场的军人，必须学会防御空中攻击，懂得掌握制空权。他第一次给制空权下了一个比较科学的定义："制空权是指这样一个态势，即我们自己能在敌人面前飞行，而敌人则不能这样做。"他指出，获得制空权就意味着胜利，反之，在空中被击败就是最终的失败。

杜黑制空权理论问世后，很快引起各国的普遍重视，成为两次世界大战之间空军建设的主题。人们给予它很高的评价，并尊称杜黑为"战略空军之父"。当代许多军事理论工作者把杜黑的《制空权》与克劳塞维茨的《战争论》、马汉的《海军对历史的影响》并列为军事科研及军事工作者的必读书籍。

制空权

交战一方在一定时间对一定空间的控制权。掌握了制空权，就能限制敌方航空兵和防空兵力的战斗活动，保障己方航空兵的行动自由，使陆、海军的作战行动得到有效的空中掩护，国家重要目标不受敌方航空兵的严重危害。

克劳塞维茨的《战争论》

《战争论》是德国军事理论家克劳塞维茨在总结以往战争特别是拿破仑战争的基础上写成的，全书共3卷8篇124章，约70余万字。《战争论》被誉为西方近代军事理论的经典之作，对近代西方军事思想的形成和发展起了重大作用，被誉为影响历史进程的100本书之一。克劳塞维茨本人也因此被视为西方近代军事理论的鼻祖。

第一章　石破天惊

25

航空报国

飞机试制成功后，冯如婉言谢绝了外国人重金聘请他教授航空技术的美差，毅然响应清政府两广总督张鸣岐电邀，携飞机回国效力，以实现他朴实的报效祖国、振兴中华的宏愿。冯如决定将广东制造机器公司迁回国内，并确定以"壮国体、挽利权"为宗旨，发展中国的航空事业。

1911 年 2 月 22 日，冯如率助手朱竹泉、司徒璧如和朱兆槐，携带 2 架份的飞机散件和设备乘轮船回国。一个月后，轮船抵达香港，两广总督在广州郊区燕塘为他圈出飞机制造厂厂址和飞行场地。4 月 27 日，黄花岗起义，清政府已处于风雨飘摇之中。6 月，冯如为了检查从美国长途海运回国的飞机是否完好，在燕塘作了第一次检验性试飞。果然机件锈蚀，运转失灵，飞机刚起飞即坠毁，所幸冯如安然无恙。

冯如回国后装配的飞机

1911 年 10 月 10 日，武昌起义，全国沸腾。11 月 9 日，广州光复，广东革命政府成立，冯如毅然率助手参加了革命，被任命为广东革命政府飞机（队）长。这个职位，实际上等同于现在的空军司令，他是被委以了建设中国第一支空军队伍的重任！他在燕塘（今解放军体育学院址）建立的广东飞行器公司，成为中国国内继南苑飞机工厂之后的第二个飞机制造厂。冯如为响应北伐计划制造侦察飞机，经三个月的努力，利用从国外带来的零部件加上本地的竹木布材料，于 1912 年 3 月，装配成一架与"冯如" 2 号大致相同的飞机，这也是中国人在中国国土上制成的第一架飞机，揭开了中国航空工业史的第一页！

清王朝覆灭后，1912 年 3 月，冯如呈请陆军司批准定期为民众表演飞行，以宣传航空救国思想。8 月 25 日，冯如在燕塘公开进行飞行表演，那一天风和日丽，观者甚众达"万千人"。冯如先向各界人士介绍了飞机的利用、制造和驾驶等知识，闻者无不击掌称善。接着，冯如毅然驾机凌空而上，高约 36 米，向东南前行近 8000 米，一度运转正常，地面掌声不绝于耳。但可能冯如急于升高，操纵过猛，造成飞机失速而坠落在一片竹林里，冯如被抛出机外，以身殉国。

冯如牺牲后，广东军政府下令表彰冯如，追授冯如为陆军少将，将其遗体安葬在黄花岗，并立碑纪念，尊为"中国始创飞行大家"。

冯如当年坠机的地方

王助为波音公司拿到"第一桶金"

王助，1893 年 8 月 10 日生于河北省南宫县，1909 年被清政府送往英国留学，1915 年 9 月转入美国麻省理工学院学习航空工程，1916 年 6 月获得航空工程硕士学位。1917 年应聘进入刚成立不久的波音公司，成为公司第一任总工程师。尽管在波音公司工作的时间不长，但他在波音公司创始人威廉·波音和他的合伙人合作设

王助设计的 C 型机

计的 B&W 水上飞机的基础上改进出 C 型飞机，成功地通过了美国军方的测试。美国海军一次性订购 50 架 C 型飞机，价值 57 万美元，成为波音公司发展史上赚得的"第一桶金"。

波音公司

波音公司成立于 1916 年 7 月，1929 年更名为联合飞机及空运公司。1934 年按政府法规要求拆分成三个独立的公司：联合飞机公司（现联合技术公司）、波音飞机公司、联合航空公司。1961 年波音飞机公司改名为波音公司。波音公司建立初期以生产军用飞机为主，20 世纪 50 年代主要业务转向商用飞机，先后推出波音 707、727、737、747、757、767、777、787 一系列型号。1997 年波音公司与麦道公司完成合并，合并后新的波音公司成为世界上航空航天领域规模最大的公司。

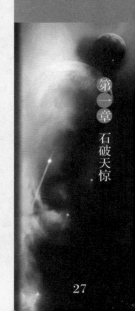

第一章 石破天惊

庞然大物

　　距离莱特兄弟发明的飞机第一次上天还不到10年，俄国人伊戈尔·西科斯基先后设计、制造并试飞的飞机竟然安装了4台发动机，是名副其实的大块头，成为今天旅客机和轰炸机的鼻祖。

　　俄国西科斯基和美国莱特兄弟是同时代的人，尽管西科斯基是在看了莱特兄弟在欧洲飞行表演的报道之后才坚定地走上航空之路的，但他对航空的贡献绝不在莱特兄弟之下。西科斯基传奇的一生大致可以分成三个阶段，每一段都留下了他在航空技术发展史上独特的印记。"大块头"和"穆罗麦茨"是他在1918年离开俄国之前的第一阶段奉献给人类的一份厚礼，开创了世界上多发飞机的先河。

酷爱航空

伊戈尔·西科斯基塑像

　　西科斯基于1889年5月25日出生在沙皇俄国的基辅，父亲是一位有名的医生，母亲也受过高等教育，这在当时俄罗斯妇女中还是少见的。西科斯基从小受到家庭的良好教育，特别是母亲为他讲述的意大利人达·芬奇探索直升机的故事，让他幼小的心灵萌生了对航空的浓厚兴趣。

　　1901年，只有12岁的西科斯基制作了一架橡皮筋提供动力的直升机模型。1903—1906年，他先后就读于彼得堡海军学校和基辅工学院。虽然当时没有航空课程，但从国外传来的法国航空先驱阿代尔、德国人李林达尔使用滑翔机做飞翔试验的事迹，仍时时激励他读遍了当时能够看到的所有涉及航空的书籍。然而，真正让西科斯基下决心投身

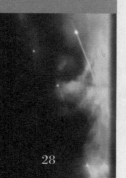

航空事业的还是莱特兄弟在巴黎的第一次公开飞行表演。那是 1908 年夏天，19 岁的西科斯基跟随父亲在德国度假，当他从报纸上读到美国人莱特在法国第一次公开飞行表演的报道时，勾起他童年时代对航空的热望。他千方百计地说服家人送他去法国学习航空。1909 年 1 月，西科斯基来到当时世界航空活动的中心巴黎，在那里结识了不少航空前辈。同年 5 月，他带着在巴黎购买的一台发动机返回俄国，先后制造了两架直升机，但都没有飞起来。后来，他知道这是发动机功率太小的缘故。

一只蚊子带来的灵感

研制直升机遇到的挫折没有使西科斯基失望，他转向研制固定翼飞机。1910—1911 年，他先后制造了 4 架飞机（S-1~S-4），边制造边试飞，在实践中摸索，直到第 5 架飞机终于获得成功。

伊戈尔·西科斯基

西科斯基认为 1911 年 4 月开始试飞的 S-5 是他制成的第一架"真正的"飞机，装一台 50 马力（约 36.75 千瓦）的阿古斯（亦译作"百眼巨人"）发动机，翼展 11.85 米、总重 440 千克。在试飞过程中，进展越来越快，空中飞行变得越来越容易。飞行时间越来越长，从半小时提高到 1 小时。飞行高度越来越高，从 300 米提高到 450 米。试飞时，西科斯基坐在 S-5 下机翼上方露天的座位上，基辅周围的山丘和树林一览无余，尽情享受他飞行生涯中最快乐的时光。

1911 年 8 月 18 日，国际航空联合会（FAI）驻俄国办事处给西科斯基颁发了 FAI 第 64 号飞行执照。在执照上印着西科斯基驾驶 S-5 飞行的照片。同年 9 月，俄国陆军邀请他参加在基辅附近的法索瓦村进行的飞行表演，这使得他有机会第一

西科斯基在试飞 S-5

固定翼飞机

固定翼飞机泛指比空气重，有动力装置驱动，机翼固定于机身且不会相对机身运动，靠空气对机翼的作用力而产生升力的航空器。这种定义是为了与滑翔机和旋翼机（直升机）有所区别。固定翼飞机在中文里通常简称为飞机。大多数固定翼飞机由机翼、机身、尾翼、起落装置和动力装置等五个主要部分组成。

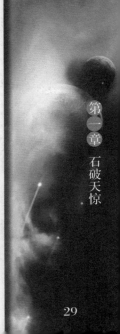

第一章 石破天惊

次作 56 千米的短途越野飞行。在那次飞行表演中，西科斯基第一次遇到了沙皇尼古拉二世。同年晚秋的时候，他第一次靠在附近城镇进行的飞行表演挣到了钱。

也就是在这次表演中，西科斯基经历了投身航空以来的第 4 次坠机事故（也许只能算是一次迫降）。像以往一样，他从赛车道上起飞后，发动机在 45 米的高度停车了。面对这种紧急情况他十分冷静，眼看着下面的树木越来越近，西科斯基迅速选择了一个很窄的铁路调车场作为降落点，努力操纵飞机避免撞到石头围墙上。

幸好飞机和人都摔得不重，他只是受了一些惊吓。西科斯基有时间在其他人赶到之前检查了发动机：竟然是一只蚊子让发动机停车！这只蚊子飞到了汽化器细小的喷口处，阻断了发动机的燃料供应。西科斯基认为，如果一只小蚊子就可以让一台发动机不能正常工作，那么飞机应该有一台以上的发动机。他的这个发现成为其职业生涯中的转折点：为了减少由于发动机故障带来的飞行事故，一定要研制安装两台甚至多台发动机的飞机。

一往情深

继 S-5 之后，西科斯基又完成了 S-6A 的研制，该机装一台 100 马力（约 73.5 千瓦）的阿古斯发动机，在 1912 年 2 月赢得了大金奖，还

停车

此处意为"空中停车"。空中停车是航空用词之一，是指飞机发动机在起飞之后、落地之前的空中运行阶段，由于机械故障、电子系统故障、飞行操作失误、外来物影响（如鸟击）等原因引起的发动机停止工作故障。发动机设计的缺陷也会导致发动机喘振，从而引起空中停车。

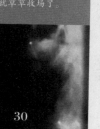

"暴风雪"航天飞机

苏联研制的"暴风雪"航天飞机外形同美国航天飞机相仿，机翼呈三角形，1988 年 11 月 15 日，从拜科努尔航天中心首次发射升空，完成了一次无人驾驶的试验飞行。原计划建造 5 架，后因资金濒临耗尽，经济上无力支撑，只完成了 2 架，整个计划就草草收场了。

世界上最大的货运飞机

在安 -225 问世之前，美国的 C-5"银河"与苏联的安 -124"鲁斯兰"相比，谁是世界上最大的运输机，还存在争议，因为它们各有千秋，不相上下。但安 -225 一问世，它们都可谓"小巫见大巫"了。

安 -225 是苏联安东诺夫设计局（现在是乌克兰安东诺夫航空科研技术联合体）在 20 世纪 80 年代为运输"暴风雪"航天飞机而研制的世界上最大的重型运输机，装 6 台涡轮风扇发动机，起飞总质量达 600 吨，最大载重达 250 吨，最大速度可

安 -225 和"暴风雪"航天飞机

在莫斯科航空展览会上收获了最佳飞机的荣誉。这件事引起了俄国波罗的海机车公司（RBVZ）老板希德洛夫斯基的注意。1912 年 4 月，23 岁的西科斯基接受了 RBVZ 公司的聘请，来到距离基辅近 1300 千米的北方城市圣彼得堡，出任公司新成立的航空分厂的总工程师和试飞员职务。

当时航空分厂成立才几个月，有一个租来的小工厂和大约 30 名工人，包括跟随西科斯基来到北方的 6 名老部下。

西科斯基的第一项任务是对 S-6A 的设计进行修改并制造一架新的 S-6B，且由他自己驾驶该飞机参加 1912 年 9 月官方举办的一项重要比赛。这次比赛对这家新的航空分厂来说无疑是一次重要的机遇，因为比赛的第一名可以拿到 30000 卢布（约合 15000 美元）奖金，还有可能给工厂带来新订单。

西科斯基全身心投入工作，白天在工厂，晚上在机场，深夜和凌晨的时候在安静的住所制定计划、制图和设计。即使在抓紧改进 S-6A 的时候，西科斯基脑子里也始终没有放下研制一架装 4 台发动机的大飞机的念头。

比赛竞争得非常激烈。S-6B 在速度和爬升性能方面表现出色，但是有几架外国设计、俄国制造的飞机显示了更短的起飞和降落滑跑距离，因为它们都装有当时最时髦的旋转式发动机。经过激烈角逐，S-6B 克服重重困难，最后获第一名。

就在比赛进行过程中，有一天晚上公司老板希德洛夫斯基邀请西科斯基共进晚餐。希德洛夫斯基从前是一名海军军官，还做过政府官员，几年前投资波罗的海机车公司。他通过重组，采用新的方法和新的设备，

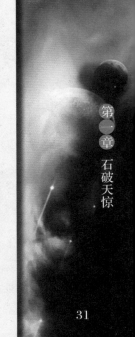

旋转式发动机

旋转式发动机全名为旋转汽缸气冷星形发动机，是法国塞甘兄弟在 1908 年发明的。这种发动机中间的曲轴是固定的，曲轴周围的一圈汽缸围绕着固定的曲轴旋转，解决了早期航空发动机因采用铁铸造缸体而需要外带散热器、十分笨重这一问题。1909 年 8 月 22—29 日在法国兰斯郊外举行的第一次国际航空大赛上，三项大奖中的两项都装有汽缸旋转式"土地神"发动机的飞机获得，从而人们给汽缸旋转活塞发动机戴上了"飞机动力装置新国王"的桂冠。

达 850 千米/小时。装载 200 吨货物时，最大航程为 4500 千米。如果加满油，最大航程可达 15400 千米。1988 年 12 月 21 日，原型机首飞。1989 年 3 月 22 日，安-225 装载 156.3 吨货物，以总重 508.2 吨完成基辅—列宁格勒—基辅的 2000 千米封闭航线飞行，飞行持续 3 小时 47 分钟，共创造 106 项世界纪录，包括载重 156.3 吨时达到 813 千米/小时的速度纪录和 12340 米飞行高度纪录。1989 年 5 月 13 日，该机首次完成了运载"暴风雪"航天飞机的任务。

目前，仅存的一架飞机仍不时承担超大尺寸或超重货物的运输任务。例如，2013 年 11 月 29 日，安-225 飞抵中国石家庄机场，装运由中国公司研制的"祥龙号"现代有轨电车，飞往土耳其，登陆欧洲市场。2015 年 12 月 15 日下午，该机第 8 次运载约 180 吨设备（用于整车生产的模具）降落石家庄机场。当天上午，由于石家庄雾霾过大，该机曾短时间备降天津滨海国际机场。

大大改善了公司的运营状况。公司在他的领导之下，除去生产火车和农业机械之外，还开始制造汽车和飞机。晚餐之后，在汇报飞机比赛情况的过程中，西科斯基怀着忐忑的心情向希德洛夫斯基讲述了制造安装 4 台发动机的大飞机的梦想。他用年轻人特有的热情解释了多发动机飞机的诸多优点。西科斯基唯恐上司感到枯燥，叙述中间停顿了几次。没想

1913 年准备试飞的"大块头"

到希德洛夫斯基急切地要他继续讲下去。年轻的设计师讲了更多的细节，诸如由于俄国冬季寒冷，飞机应该有封闭的座舱；机组应该可以在飞行中接触发动机，以便检查和修理……他一边说，还一边画出了飞机的草图。快到午夜时分，西科斯基怯生生地提出一个建议，他说，"如果我们赢得了这次比赛，让我们利用比赛奖金来制造这架 4 台发动机的飞机吧"。让西科斯基没有想到的是，老板的回答简单而一语中的，"不，马上开始制造这架飞机"。

大块头

西科斯基几乎不敢相信自己的耳朵，他向老板道谢，然后匆匆赶回工厂。虽然已经过了凌晨 1 点，但他还是立即把相关人员召集起来，开了一个他认为他一生当中最有成效的工程会议。大家热情高涨，第二天就开始准备图样和购买元件了。几个星期后，就开始了实际的制造工作。

工程进展得很顺利。1913 年 4 月，新飞机的主体结构完工了，随后拉到了军用机场进行总装，5 月组装完毕，并吸引了大批的观众到机场一饱眼福。因为机翼和机身非常巨大，工人们就给它起了一个名字——"大块头"。

1913 年 5 月 10 日，装 2 台发动机的"大块头"首次试飞，并检查安定性和操纵性。随后，西科斯基在前面 2 台拉进式发动机的背后又装

操纵性

操纵性是指飞机以相应的运动回应驾驶员有意或自动器施加于操纵器的动作（包括行程和作用力）的能力。操纵器包括各个操纵面以及发动机油门等。一架飞机具有好的操纵性能，需要纵向操纵、横向操纵和航向操纵都得心应手。

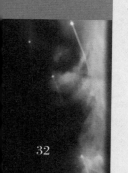

了2台推进式发动机（即机身两侧各有一对背靠背安装的发动机）。1913年5月13日是首次试飞的日子，由西科斯基亲自驾驶，他坐在高高的封闭座舱里，将飞机对准了风向，然后开始加大油门。在后面的乘务舱里，副驾驶有一项任务：起飞之后，如果发现飞机的后端重，他要向机头方向移动；如果发现机头重，他要向机尾方向移动。在现代飞机上，这项任务是由升降舵上的"平衡调整片"来完成的。

西科斯基开足了油门，使飞机速度逐渐增加，轻拉操纵杆，飞机顺利升空并且逐渐爬升，起飞过程极其完美。几次转弯之后，西科斯基慢慢地减小所有4台发动机的油门，向后拉操纵杆，随着动力的降低，"大块头"在优雅的滑翔中降低高度，以15米左右的高度掠过了机场的边界。试飞过程一切都很完美。为了让飞机在空中多待一会儿，西科斯基又加大了油门，低空通场，然后减小油门，在机场的中间非常平稳地触地。世界上第一架四发动机飞机的试飞完美结束。

地面围观者爆发出的欢呼声震耳欲聋，持续了很久。3名机组成员微笑着走下飞机，人们把他们抬起来，举到了机库。在那里，他们受到希德洛夫斯基的欢迎。对于还有12天才满24岁的西科斯基来说，这是他生命中最值得记住的美妙场景之一。在这之后的一年半时间里，西科斯基拥有一个独一无二的头衔：世界上唯一驾驶过四发飞机起降的人。

"大块头"飞机的翼展长达28米，有10排支撑梁，高度超过了3.6米。下翼上装了4台4缸水冷式阿古斯发动机，每台功率为100马力（约73.5千瓦）。除了飞机的尺寸，使参观者印象最为深刻的是为机组和乘客舒适而采用的新颖豪华设计。飞机的机头有一个敞开式的露台，可以站两三个人。后面是封闭的驾驶舱。驾驶舱有一扇门通到露台，后面还有一扇门通到客舱。客舱有4个座位、1个沙发、1张桌子、1个洗手间和1个储衣间。这些设计，在当时敞开式座舱、飞行帽和风镜仍然是标准设备的时代，绝对是大大超前的。

通过试飞，西科斯基发现"大块头"的主要缺点是起飞性能不好、爬升速度慢。很明显，从操纵的角度来说，前后配置的发动机更安全，但对飞行性能有不良的影响：前面发动机带动的螺旋桨吹向后方的气流降低了后面螺旋桨的效率。为此，西科斯基决定改变发动机的安装形式，6月，他将4台发动机一字排开地安装在下机翼的前缘上。螺旋桨效率的增加使得飞机的起飞滑跑距离缩短、爬升速度加快，甚至在机身同一侧两台发动机关机的情况下，因为有巨大的方向舵，仍然可以操纵飞机沿直线飞行。

这时的飞机有了正式的名字——"俄罗斯勇士"。

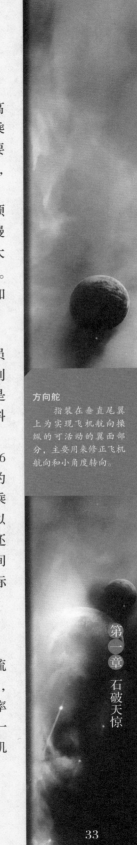

方向舵
　　指装在垂直尾翼上为实现飞机航向操纵的可活动的翼面部分，主要用来修正飞机航向和小角度转向。

第一章　石破天惊

　　1913 年 7 月，西科斯基接受了沙皇尼古拉二世的邀请，驾驶飞机飞到了距离圣彼得堡 40 千米的一个军用机场，接受了沙皇和皇太子的检阅。沙皇绕着飞机走了一圈，好奇心大起，顺着一个摇晃的木梯爬到了飞机前面的露台上。他们有问有答，交谈得很热络。后来西科斯基回忆起当年沙皇的提问，他认为"从工程角度来说，正确，聪明，合理"。沙皇对西科斯基和他的飞机印象深刻。几天之后，沙皇送给西科斯基一块镶有俄罗斯"帝国之鹰"的金表，成为西科斯基一生都细心保存着的珍贵礼物。

　　"大块头"的寿命只有 4 个多月。在总计 58 小时的飞行中，这架

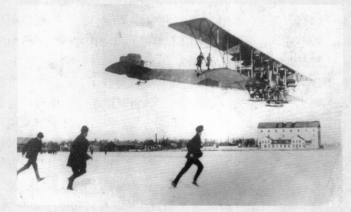

1914 年，试飞中的"穆罗麦茨"

有着历史意义的飞机没出任何故障。1913 年 8 月底，"大块头"停在军用机场，四周有 2.4 米高的栅栏保护，看上去不会有任何危险。但是天有不测风云，在一次匪夷所思的事故中，从"大块头"头顶上飞过的一架双翼飞机的发动机掉了下来，不偏不倚地正好砸穿了"大块头"的右机翼。飞机受损严重，无法修复。西科斯基下令将"大块头"肢解，留下可用的部件，他已经开始想象未来和更大的飞机了。

　　虽然寿命短暂，但"大块头"在航空史上占有一席之地。它当之无愧地被认为是多发客机的鼻祖。

不装旅客装炸弹

　　在原本是以大型豪华客机为目标而设计的"大块头"的基础上，1913 年底西科斯基设计制造了以 10 世纪俄罗斯民间英雄的名字命名的

"穆罗麦茨" Veh 型 | 保存在莫斯科俄罗斯空军博物馆里的
"穆罗麦茨"复制品

"伊里亚·穆罗麦茨"飞机。如果民航客机定义是"为携带多名乘客并为他们提供商业运输服务而设计的飞机"的话，"穆罗麦茨"无疑就是世界上第一种正式的旅客机。"穆罗麦茨"是一架豪华的飞机，有单独的客厅、柳条椅、卧室和洗手间，还有加热和照明设备。"穆罗麦茨"于 1913 年 12 月 10 日首次试飞。1914 年 2 月 25 日，机上载了 16 名乘客完成了第一次表演飞行；6 月 21 日到 23 日，还以 14 小时 38 分钟完成了一次从圣彼得堡到基辅的往返飞行，中间只停了一次。

遗憾的是，由于第一次世界大战临近，"穆罗麦茨"一直没有用作商业客机，而被改造成世界上公认的第一架四发重型轰炸机。第一次世界大战爆发后，俄国将其正式投入作战，各型"穆罗麦茨"共生产了 85 架。直到 1917 年俄国因十月革命退出大战为止，这种飞机共执行过 422 次作战任务，投弹 2000 余枚，因此也堪称现代重型轰炸机的鼻祖。

1916 年 12 月首次试飞的"穆罗麦茨"是当时世界上最大、最重的飞机

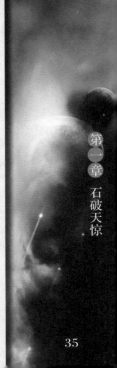

重型轰炸机

指用来从空中对地面、水面或水下目标投掷炸弹进行轰炸的飞机，有装置炸弹、空对地、空对舰导弹等专门设备和对地对舰防御性的射击武器，载弹量大，飞行距离远。

第一章 石破天惊

第二章
超越无止境

冒死上天

热气球是轻于空气的飞行器，在飞机发明之前成为人类升空的先导。第二次世界大战以后，高新技术使热气球成为不受地点约束、操作简单方便的公众体育项目。全世界有 20000 多个热气球在飞行。

孔明灯

追溯气球的起源，不难发现，气球与我们祖先的智慧有关。相传，第一个发明热气球的是三国时代的诸葛亮（字孔明，181—234 年）。在他第六次出征北伐中，因被司马懿围困于平阳，无法派兵出城

飘在空中的孔明灯

求救，于是设计了一个纸笼，在纸笼下装一盏油灯，点燃油灯加热纸笼里的空气，使之受热膨胀上升，漂浮在高空。敌方不知其为何物，以为有神明相助，不敢贸然进攻。后来人们就把这种灯叫做"孔明灯"。后来，唐宋之间的"五代时期"（907—960 年），还有一位叫莘七娘的，在作战中为了调动部队围歼敌人，她发明了一种可升空的信号灯，一举取得胜利，人们管这种灯叫松脂灯。实际上，孔明灯、松脂灯和今天的热气球原理完全相同，可以说是原始的热气球。

著名英籍科学史家李约瑟花费近 50 年心血撰写的多卷本《中国科学技术史》第四卷第二分册中，有一节介绍东方和西方的气球。李约瑟指出，中国比世界上其他国家早好几个世纪发明了纸，而正是纸"导致传统的灯笼的制成，灯笼促使人们进一步的试验。由于灯笼上端的孔很

小，这样往往会产生强烈的光和热，有时灯笼就会自动上升甚至飞到天空"。

从孔明灯到松脂灯，再到近代民间广泛流传的祈求上天保佑来年生活幸福美满的"天灯"、"祈福灯"、"平安灯"……这些当代航空技术的雏形在中国延续了近两千年，却在发明后的长达数百年的时间里始终停留在玩具的层面，没有发展成真正的航空器。其中原因，令人深思。

阿斯特拉的预言

最早发明现代热气球的是法国的蒙哥尔费兄弟，哥哥约瑟夫·蒙哥尔费（1740—1810 年）和弟弟艾廷纳·蒙哥尔费（1745—1799 年），他们是航空史上众多对共同创造事业的兄弟中的第一对。他们和父亲一起经营一个家庭造纸作坊，对改进造纸工艺等十分热心。1782 年的一天，他们在巴黎参观一个展览会，会上展出的一种神奇灯笼使兄弟二人激动不已。这些灯笼构造十分简单，形状就像封闭的球体，只是在底部有一

李约瑟

李约瑟（1900—1995 年），是英国著名科学家。1937 年，在鲁桂珍等三名中国留学生的影响下，转而研究中国古代科学、技术与医学。1948 年开始编写系列巨著《中国科学技术史》。新中国成立后，先后八次来华考察旅行，大规模地搜集中国科技史资料，实地了解新中国各方面的发展。1954 年，《中国科学技术史》第一卷出版，轰动西方汉学界，共计有三十四分册。

发明现代气球的法国蒙哥尔费兄弟

个圆形的开口，开口上连有一根薄薄的竹片，竹片上放有一根细细的蜡烛。人们只要点燃蜡烛，过一会儿灯笼就会升到空中，而且越升越高。直到蜡烛烧尽了，灯笼才慢慢地降回地面。这实际上就是中国古代已经存在的孔明灯。

蒙哥尔费兄弟俩对会上升的灯笼颇有兴趣，他们想为什么不能做一

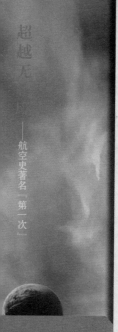

个更大的灯笼使其也能浮在空中呢？回到家里，他们立刻着手制作了一个大纸袋，并向纸袋里充蒸气，但蒸气冷凝变成水，纸袋湿了就会落下来。于是他们改成向纸袋里充烟，效果很好。与此同时，蒙哥尔费兄弟还对气球的材料进行了试验，这一试验是有意义的。他们发现布和亚麻纸渗漏率最低，保持热空气和烟气的时间最长。

1782 年 11 月 25 日，蒙哥尔费兄弟利用点燃麦秆后产生的热气，成功试飞世界上第一只热气球！第二年 6 月 4 日，为了向法国科学院证明自己的伟大发明，蒙哥尔费兄弟制作了一只直径 11 米的热气球，取名"阿斯特拉的预言"，在巴黎昂诺内广场上进行了公开飞行表演。他们用燃烧稻草和羊毛产生的热气充填气球。升空前 8 名壮汉费力地拉住气球，防止它提前"逃逸"。那天，气球在天上飞了近 10 分钟，高度达到 457 米（还有一说是 1824 米），飘飞距离近 2 千米。1783 年 9 月 19 日，蒙哥尔费兄弟又奉命为法国国王表演飞行，他们制作了一只直径 12.5 米、高 17 米的大气球，上面画着法兰西皇家标志，第一次带着 3 位乘客——绵羊、公鸡和鸭子各一只——在 8 分钟内从凡尔赛宫广场飞到 3.2 千米远的一片林地。这是人类自身升空飞行前的唯一一次动物实验！

冒死上天

动物乘气球上天的试验成功后，蒙哥尔费兄弟马上制定了送人上天的计划。巴黎科学博物馆的一位青年科学家罗齐埃表示愿意进行这次风险很高的飞行。为了确保安全，1783 年 10 月 15 日开始进行气球系留飞行，也就是用拴住气球的绳子控制气球的飞行高度。几次系留升空都获得成功，飞行高度分别达到 26 米、64 米、80 米和 99 米。

当一切准备就绪时，却遇到一个新的麻烦：国王路易十六不同意进行气球载人飞行试验，理由是他不允许自己的臣民用生命去冒险。当蒙哥尔费兄弟束手无策的时候，一位贵族达兰德斯侯爵愿意出面疏通，条件是他要和罗齐埃一起升空，共同分享第一次载人升空的美誉。经过达兰德斯的说合，国王同意用两个死刑犯进行试验，如果能够活着回到地面，可以免去死罪。达兰德斯又进言："为什么要让两个罪犯成为第一个遨游上帝的天宫的人呢？难道您认为他们比两个绅士更有资格代表法兰西人民接近上帝居住的地方吗？"国王无言以对，终于同意了让达兰德斯和罗齐埃随气球升空的请求。

1783 年 11 月 21 日，一只蓝、黄两色相间，高 23 米、直径 15 米、画着太阳神图案的华丽气球，其底部用柳条编织的回廊上带着罗齐埃和

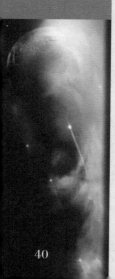

1783 年 11 月 21 日，罗齐埃和达兰德斯搭乘这只蓝黄两色相间、画着太阳神图案的华丽气球升上蓝天

达兰德斯，在巴黎附近布劳钮森林升上天空，他们在 100 米高空飘飞 25 分钟后降落在现在称为巴黎 13 区的意大利广场上。至此，人类终于真正实现了飞行梦！人类生活真正开始进入天空。

轻于空气的航空器

　　在大气层内飞行的飞行器，称为航空器，又可进一步分为轻于空气的航空器和重于空气的航空器两大类，如右图。

```
                        ┌─ 轻于空气的 ─┬─ 气球
                        │   航空器      └─ 气艇
              航空器 ────┤
                        │              ┌─ 固定翼航空器 ─┬─ 飞机
                        │              │                ├─ 滑翔机
                        └─ 重于空气的 ─┼─ 旋翼航空器 ───┼─ 直升机
                            航空器      │                └─ 旋翼机
                                       └─ 扑翼机
```

　　气球和飞艇属于轻于空气的航空器，其升空是靠空气的浮力。根据阿基米德原理，气球和飞艇升空是因为它们排开的空气的重量等于或大于它们自身的重量。

　　气球是没有驱动力驱动的轻于空气的航空器，它是一个轻质密封的气囊，充入热空气或轻气体，依靠风力推进。

　　飞艇又名可操纵气球，既可在垂直方向作升降操作，又可在水平方向操纵。水平方向操纵的方法是，靠发动机和螺旋桨推动前进，并靠方向舵来控制方向，另外由水平安定面来保持纵向稳定。

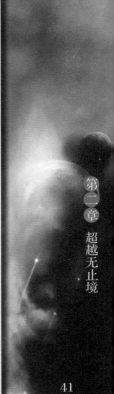

第二章　超越无止境

飞越英吉利海峡

布朗夏尔是法国一位机械师，1783 年蒙哥尔费气球问世后，他曾经试图在气球上安装桨叶和风轮，使之可以操纵。1784 年，布朗夏尔来到英国，几次成功的气球飞行使他得到舆论界的关注，最值得庆幸的是，他结识了一位美国富商杰弗利斯。杰弗利斯建议乘气球飞越英吉利海峡，一切费用都由杰弗利斯承担。

布朗夏尔和杰弗利斯乘氢气球飞越英吉利海峡

英吉利海峡

英吉利海峡是分隔英国与欧洲大陆的法国并连接大西洋与北海的海峡。海峡长 560 千米、宽 240 千米，最狭窄处又称多佛尔海峡，宽仅 33 千米。英国的多佛尔海峡与法国的加莱隔海峡相望。

1785 年 1 月 7 日下午 1 时多，布朗夏尔和杰弗利斯乘一只氢气球从英国多佛尔的悬崖上起飞。之所以选择从多佛尔起飞，是因为这里距离法国最近，最窄的海面只有 33 千米左右。可是他们的冒险并不顺利。起飞后不久，因为布朗夏尔携带的东西太多，包括划桨、风轮和舵面等器具，气球开始下降，俩人不得不赶快抛下镇舱沙袋，以维持飞行高度。不久，他们又遇到强风，气球忽高忽低，最后吊篮几乎贴到海面上。布朗夏尔和杰弗利斯被迫抛下舱里所有的东西，最后连大部分衣服都脱掉扔了。下午 3 时许，他们勉勉强强地抵达法国海岸。遗憾的是，离他们

人类第一次乘热气球环球飞行

1999 年 3 月 20 日，瑞士人皮卡尔（41 岁）、英国人琼斯（51 岁）经过近 20 天的飞行，终于完成了人类首次乘热气球环球飞行的壮举，总计飞行 42810 千米。他们二人于 3 月 1 日从瑞士阿尔卑斯山脉上空先飘向北非，飞跃了阿拉伯沙漠、东南亚、太平洋、中美洲，最后飞越大西洋，降落在距离埃及首都开罗西南方 480 千米一个叫穆特的地方。

皮卡尔（左）和琼斯（右）

原定的目的地——法国加来还差约19千米。两位勇士爬出气球后的第一件事就是向当地农民借衣服穿上，然后才前往加来市接受市民们的欢呼。

尽管这次飞行成功得很勉强，但是它毕竟是人类第一次从空中飞越大海，所以仍具有巨大的历史意义。后来为了纪念这次伟大的飞行，人们在气球着陆的地点树立起了纪念碑，并授予布朗夏尔荣誉市民的称号。

为了维持飞行高度，布朗夏尔和杰弗利斯被迫抛下舱里所有的东西，最后连大部分衣服都脱掉扔了

福塞特：单人热气球环球飞行第一人

美国百万富翁史蒂夫·福塞特不顾前五次的失败，于2002年6月19日从澳大利亚珀斯附近乘热气球升空，克服种种困难，最终于7月2日安全降落，成为世界上第一个独自乘坐热气球环球飞行的人。他是一个追求刺激、喜爱挑战极限的人。退休后，投入航海、滑雪、飞行、热气球等极限运动。作为一名冒险家，他在热气球、飞机、滑翔机和帆船等5个体育项目中创下102项正式的世界纪录，其中62项至今未被打破。遗憾的是，2007年9月他驾驶一架单发小飞机在内华达州沙漠地区失踪，最终证实死于空难。

美国百万富翁史蒂夫·福塞特

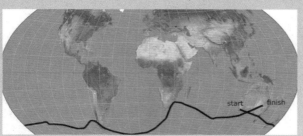
2002年6月19日—7月2日，福塞特完成世界上第一次独自乘坐热气球环球飞行，起点和终点都在澳大利亚

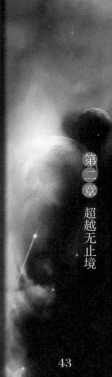

第二章 超越无止境

43

掌控飞行

　　气球只能在空中随风飘荡而不能控制前进的方向，于是带有动力并可以操纵的气球——飞艇应运而生。

空中蹒跚

　　在气球问世之后的半个多世纪里，人们一直致力于让气球变成可以控制飞行方向的航空器。1850 年，一个叫尤利恩的法国人，制造了一艘采用钟表发条作动力的模型飞艇，获得成功。在尤利恩成功的启发下，吉法尔——一个热衷于航空、精通蒸汽机的工程师，转向研究气球在空中的导航问题。1851 年，他自己制造了一台小型蒸汽机，功率为 2.24 千瓦，重约 160 千克。吉法尔的飞艇长 43.6 米，最大直径约 12 米，气囊容积 2497 立方米，采用煤气作为浮升气体。飞艇的尾部挂有一块三角形的风帆，用来操纵方向。吉法尔把蒸汽发动机装在雪茄烟形飞艇的吊舱里，作为动力装置，驱动一副 3 叶螺旋桨，并设有方向舵，就这样诞生了第一艘部分可操纵的飞艇。1852 年 9 月 24 日，吉法尔驾驶这艘飞艇由巴黎飞到特拉普斯，航程为 28 千米，速度达 9.6 千米 / 小时。该飞艇只能稍微调整飞行的方向，不能充分转弯，但在气球向飞艇的过渡中仍不失为一项重要的技术成就。

　　吉法尔的飞艇沿用了气球的结构形式，形成飞艇技术上所谓的"软式结构"：采用一个气囊，内部充入轻于空气的气体使之达到一定压力，这样气囊就可以产生一定的浮力，同时保持一定的形状。

吉法尔
　　亨利·吉法尔（1825—1882 年），法国发明家。

吉法尔发明的第一艘飞艇

在当时的技术水平下，吉法尔的飞艇无法逆风回到起飞地点。要改变这种情况，只有等待新的动力技术诞生了。随后到来的第二次技术革命给人们提供了两种动力装置——电动机和内燃机。由于有了新的动力装置，飞艇的速度开始提高，操纵性也随之改善。

身手不凡

为了建造一只不同于以往的、能够完成长途运输和空中作战等多种任务的大型飞艇，德国人齐伯林放弃了前人采用的"软式飞艇"的传统结构，而创新地转向"硬式结构"，其特点是：艇身全部由铝制框架制成，框架外面包上亚麻和绸，再涂上胶。框架除纵向的长梁外还有十几个隔框，把整个艇身分为十几个舱室，每个舱室中放置一个气囊。1896年开始，经过4年多的苦心研制，齐伯林造出了第一艘硬式飞艇，代号叫LZ-1。1900年7月2日，LZ-1在康斯坦茨湖上空第一次成功升空。吊舱里带了5个人，齐伯林和他的总工程师路德维希·迪尔都在其中。尽管飞行高度和方向控制有问题，但飞艇在300米高空飞行了15千米，然后安全降落。

飞艇一经问世，很快被引入战场，从此成为交战双方竞相发展的武

内燃机

内燃机是一种动力机械，它是通过使燃料在机器内部燃烧，并将其放出的热能直接转换为动力的热力发动机。

第一次世界大战中飞艇参战的宣传画

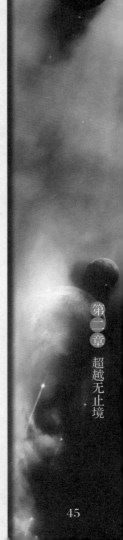

第二章 超越无止境

器。在第一次世界大战中，德国用齐伯林飞艇从被占领的比利时的基地出发轰炸英国首都伦敦，导致"战略轰炸"问世。战争初期，就有小规

45

模的飞艇攻击英国，到1915年，齐伯林飞艇开始以"中队规模"的编队发动进攻，总在夜间或月黑时候进攻。1916年9月初，英国一架战斗机击落一艘飞艇，三周后又击落两艘试图攻击伦敦的飞艇。尽管飞艇的性能不断提高，但是英国的气球、防空火力也在改进，使德国飞艇遭到重大损失。第一次世界大战中，德国用齐伯林飞艇攻击英国159艘次，造成557人死亡（主要是平民），损失750万美元。

空中旅行不是梦

在民用领域，在飞机普及之前，飞艇一度成为重要的空中交通工具。世界上第一家载客的航空公司是1909年成立的"德拉格飞艇运输公司"。早期的大部分飞行是空中观光飞行，从1910年到1914年第一次世界大战爆发，德拉格飞艇共飞行1500多艘次，运送34000名乘客并且无一伤亡。大部分乘客是免费的知名人士（皇室成员、军官、贵族、政府官员和商界要人），以让他们宣传齐伯林飞艇，付费的旅客只有10197人。1919年开始用战后研制的第一艘"博登湖"号飞艇在德国首都柏林和南部弗里德里希港之间提供定期航班服务，从柏林到弗里德里希港空中飞行只需4~9小时，而坐火车需要18~24小时。该艇1921年7月3日作为战争赔偿给了意大利，在此之前共飞行103次，运送2500名客人、近5000千克邮件和3000千克货物。

20世纪二三十年代是飞艇发展的鼎盛时期，1929年德国制成的大型飞艇"兴登堡"号被认为是世界飞艇技术的顶峰，全长245米，直径41米，重约230吨，气囊总容积200000立方米，投影面积相当于几个

战争赔偿

1919年6月28日，第一次世界大战交战双方签署《凡尔赛和约》。胜利方协约国——英国、法国和美国在条约中提出，德国政府需要支付2260亿金马克的赔款，后又追加到2690亿金马克（相当于10万吨黄金，大概是当时的320亿美元，相当于今天的3890亿美元）。到2010年10月3日，德国全部还清了这笔背负了92年的债务。有意思的是，有几艘飞艇也成为"战争赔偿"给了协约国——LZ-113给英国、LZ-114和LZ-121给法国、LZ-120给意大利、LZ-126给美国。

1937年5月6日"兴登堡"号飞艇失事

足球场。与波音 747 相比，"兴登堡"号的长度是其 3.5 倍，直径是其 6.5 倍。该艇可搭载 75 名旅客，航速 130 千米 / 小时，续航时间 200 小时。"兴登堡"号共进行 63 次商业飞行，其中 37 次横渡大西洋，总飞行时间达 3088 小时，运送旅客 3060 人次。可惜，好景不长。1937 年 5 月 6 日，该艇从德国飞到美国新泽西州雷克赫斯特，就在即将被拉到系留塔之前，突然发生爆炸。飞艇里充填的是易燃的氢气，在不到 1 分钟时间里，号称"空中宫殿"的豪华飞艇在大火中化为一片废墟。艇上 97 人中 36 人死亡，成为当年最严重的空难之一。

柳暗花明

　　大型飞艇相继出事，加上军用飞机的迅猛发展，使航空史上一度兴旺、辉煌的飞艇时代偃旗息鼓。进入 21 世纪，伴随着现代高科技的空前发展和新军事变革需求的增加，各军事强国开始重新认识飞艇在军事领域中的应用价值。国内外有专家预言，在信息化建设与发展的重要转型期，飞艇将以独特的优势悄然迎来新的发展热潮。

　　现代飞艇能适应信息化作战的要求，拥有一系列特殊作用和性能：可以用作 C4KISR 空中平台，飞艇的大型囊体和吊舱能够装载多种大型先进电子设备，探测远距离、小活动目标（巡航导弹）等，构建起性能卓越的空中指挥作战平台，乃至实现"发现即摧毁"的作战要求；留空时间长，完成任务效率高，绿色环保；低空飞行安全隐身；是投送远距离作战力量的有效工具；易于自主建造，易于战时持续补充。

　　2012 年 8 月 7 日，由美国陆军出资 5.17 亿美元，诺思罗普·格鲁

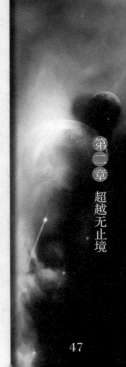

C4KISR
　　C4KISR 系统是美军军事信息处理系统，由美国国防部组织研制。C4KISR 是 4 个以 C 字母开头的英文词（指挥、控制、通信、计算机）和杀伤、情报、监视、侦察这 4 个英文词的第一个字母合在一起组成的缩略语，该系统就是起"融合"作用的武器系统，能将所有信息数据库和数据汇集起来，达到信息共享、共用、共调，从而确保各军兵种与指挥部之间交换信息和数据，大大提高指挥的时效性和准确性。

美国洛克希德公司研制的混合型大型飞艇，已经制造一种原形飞艇，称为 P-791，并在 2010 年 1 月 31 日进行了首飞

第二章　超越无止境

曼公司建造的新一代巨型氦气长航时多情报飞行器 LEMV 无人飞艇，在新泽西雷克赫斯特联合基地成功完成试飞，并在测试中实现了所有预定目标。这个大家伙长 100 米，可装载 7 吨重的货物，以每小时约 48 千米的速度飞行，可装备摄像机、雷达、电子窃听器、无线数据链，在约 6700 米的高空盘旋 3 个星期，可为地面的情报分析员提供海量数据。目前这样的监视任务，主要由无人机和卫星来完成，但代价高昂，一般无人机每小时的运行费用为 5000 美元，"全球鹰"更高达每小时 2.5 万美元；而使用无人飞艇，每月的运行费在 2.5 万美元以下，每小时仅 50 美元。

　　2012 年 9 月 13 日，美国另一款"龙之梦"号直升飞艇成功进行了飞行测试。这架由美国全球航空公司主导研发，载重达 250 吨，可以飞行 11265 千米的巨型飞艇，激起人们对现代飞艇在军事领域应用的无限遐想。

部署在美国南部边境的"空中系留雷达系统"，主要任务是协助截获毒品走私

现代飞艇

　　所谓现代飞艇，是以新型复合材料作囊体、充以氦气为浮力气体、装有矢量推进发动机、配以先进操纵和控制系统、具有良好机动能力和多用途性能的一类浮空飞行器。它具有完成多样化军事任务的特殊性能和适应现代信息化作战的一系列独特优势，因而其发展与应用为各国兵家所关注。

飞艇的结构和分类

　　飞艇是可操纵的轻于空气的航空器。它由巨大的流线形艇体、位于艇体下面的吊舱、起稳定控制作用的尾面和推进装置组成。飞艇获得的升力主要来自其内部充满的比空气轻的气体，如氢气、氦气等。

飞艇的结构图

最经常使用的浮力气体是氢气和氦气。氢气容易得到而且便宜，但是可燃，有火灾和爆炸的危险；氦气是惰性气体，非常安全，但是稀有，价格高。根据其材料结构的不同，飞艇可以分为硬式飞艇、软式飞艇和半硬式飞艇。

　　硬式飞艇的气囊为硬壳式（蜂窝或泡沫夹层结构）或半硬壳式（蒙皮、框、梁、桁条结构），多用于总质量100~200吨的大型飞艇。世界上最大的硬式飞艇是德国1938年建造的"齐伯林"2号。

　　软式飞艇的气囊用气密的气球布等材料制成，没有充气时是柔性的，充满浮力气体后变得刚硬。最大的软式飞艇是美国海军的ZPG3-WS型飞艇。

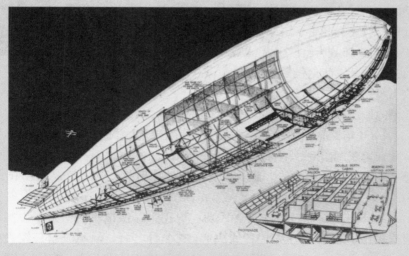

LZ—130"齐伯林伯爵"2号飞艇结构图

氦气

　　氦气符号为 He，是无色无味、不可燃的气体，空气中的含量约为百万分之 5.2。它的化学性质不活泼，通常状态下不与其他元素或化合物结合，特别适合用作气球和飞艇的填充气体。

第二章 超越无止境

环球飞行

　　发明硬式飞艇的是德国人费迪南·冯·齐伯林伯爵，而把飞艇事业推上巅峰的是他的继承人胡果·埃克纳。1928年，埃克纳最新设计的一艘LZ-127"齐伯林伯爵"号进行了它的处女航行——从法兰克福到纽约。1929年8月，"齐伯林伯爵"号仅用时21天7小时34分就环球飞行一周，在全世界引起巨大的轰动和热烈的赞扬，成为航空史上最伟大的事件之一。

耀眼的齐伯林飞艇

　　齐伯林1838年7月8日出生在德国一个贵族家庭，毕业于图宾根学校，后来成为德国陆军工程部队的一名尉官，服役期间放飞过几次侦察用的气球，对飞行产生了浓厚的兴趣。1891年，53岁的齐伯林从军队退役后专攻飞艇。虽然早已过了出

齐伯林

成果的最佳年龄段，但他以坚韧不拔的毅力，最终取得成功。

　　1900年，齐伯林制成第一艘雪茄形铝制硬式飞艇LZ-1，7月2日从康斯坦茨湖出发作了首次飞行。该飞艇长128米，直径11.7米，气囊总容积约11300立方米。艇身下有两个外挂吊舱，舱内各装一台16马力（约11.76千瓦）发动机。

　　1905年11月，LZ-2试飞成功，但在第二次试飞时坠毁了。接连两次失败并没有动摇齐伯林的决心。9个月之后，他制成第三艘飞艇LZ-3。试飞后于1909年6月交给德国陆军，成为世界上第一艘军用飞艇。

　　又经过几年的改进和完善，齐伯林飞艇逐步走上了健康发展之路。

在第一次世界大战前的一段时间成为航空运输的主力。

1914年，第一次世界大战爆发，飞艇成为空中作战的兵器。当时德国有246架航空器，其中包括7艘齐伯林飞艇，是当时各国拥有航空器最多的国家。在整个第一次世界大战期间，德国百余艘齐伯林飞艇，再加上美国、英国、意大利等其他国家的飞艇，总共160艘飞艇活跃在欧洲各个战场，用于执行轰炸、反潜和侦察等任务。

齐伯林LZ-1飞艇首次试飞

1900—1917年，齐伯林共制造各型飞艇113艘。1917年3月8日，这位飞艇巨擘以79岁的高龄与世长辞。

齐伯林去世后，他的飞艇事业非但没有破败，反而在开展国际航空运输中大显身手，1929年还实现了飞艇首次环球飞行，领导齐伯林飞艇开创辉煌业绩的是胡果·埃克纳。

从愤青记者到飞艇专家

埃克纳年轻时在几所大学接受工程教育。1900年目击第一艘齐伯林飞艇升上蓝天时，他还是一位艰难谋生、无人知晓的小记者。开始，他对飞艇不以为然，攻击飞艇是荒唐的、其设计师是"江湖骗子"，但几年以后埃克纳的看法完全改变了。1906年1月，埃克纳当了齐伯林飞艇公司的兼职作家。1908年齐伯林邀请埃克纳加入自己的公司，他很快显示出作为实践革新家的才干。埃克纳学会了如何驾驶巨大的飞艇，这对于齐伯林飞艇公司未来的成功

胡果·埃克纳

至关重要，他证明自己是一个精明的公众代言人。齐伯林想让巨大的飞艇在蓝天自由翱翔的理想鼓舞着埃克纳，他用心学习一切对发展公司业务有用的东西。到1911年，埃克纳不仅能设计飞艇，还会监督飞艇的制造并且充当试飞员。

第一次世界大战时，埃克纳在公司的飞艇上训练了德国海军的几乎所有飞艇飞行员，还设计了改进的军用飞艇。1924年埃克纳成为公司的总裁。他制定计划，用硬式飞艇开展国际空中旅客运输。同年，他驾驶234米长的ZR-3"洛杉矶"号从德国飞到美国新泽西州莱克赫斯特，并作为战争赔偿交付给美国海军。

环球飞行

在埃克纳的领导下，齐伯林飞艇公司利用全德国的捐款200万马克在1928年造出一艘豪华飞艇——LZ-127，命名为"齐伯林伯爵"号。

LZ-127"齐伯林伯爵"号飞艇着陆

该艇长236.5米，高30.5米，带9.5万立方米氢气，提供动力的是5台500马力（约367.5千瓦）的梅巴赫发动机。机组加乘务人员40人，可载20名旅客。

埃克纳驾驶LZ-127完成了几次飞越大西洋的航行之后，为了证明飞艇的优势，他向公众宣布，要带旅客进行一次环球飞行。这次飞行主要由美国新闻大亨威廉·赫斯特资助。赫斯特的交换条件是，在他自己办的各种报纸上独家发表这次飞行的新闻。为此他选了两名记者——女记者也是唯一的女乘客格蕾丝小姐和男记者卡尔随艇飞行，见证第一次由西向东的跨大西洋飞行。艇上还有极地专家、中校军官、苏联和日本政府的科学代表。

艇上还带了付费的乘客，而且预期飞行时间会很长，飞艇公司就为所有乘客提供最舒适的条件，如睡铺、餐饮和社交聚会设施。这些条件可以与今天最好的越洋航线飞机相媲美。

1929 年 8 月 8 日黄昏，"齐伯林伯爵"号被推出莱克赫斯特机库。大约上万人等了一整天来观看飞艇出发。快到午夜时分，系留的绳索松开了，发动机突突作响，飞艇徐徐升起进入夜幕之中，向美国自由女神像的方向飞去。

记者卡尔是这样记载当时的情形的：纽约的几百万盏灯在我们下面闪着光芒，艇上的旅客被下面的欢呼声、汽笛的鸣叫声和一路平安的祝福声所激动和陶醉。次日早晨，旅客们起得很早，大家聚集到豪华的用餐区吃早餐，并欣赏着窗外地面的景色。飞艇的飞行速度从来没有超过120 千米 / 小时，所以在这次飞行的大部分时间里，地面的一切都能看得清清楚楚。出发 55 小时 22 分后飞艇到达德国弗里德里希港。

4 天之后，飞艇继续不着陆飞行 10880 千米前往东京。这是最长的一个航段。飞艇先飞越苏联上空，旅客们看到绿色背景上的中世纪城堡，感受到地面不断变换着的文化。卡尔是这样描述经过乌拉尔时的情景的：那些农民疑惑地仰望着飞艇这个天外来的庞然大物，因为他们甚至连火车都没有见过。飞艇经过人烟稀少的西伯利亚，舱内温度降到接近冰点。最后终于到达了东京和横滨。在几百名水手的帮助下，硕大的飞艇固定在海军基地的码头上。这段距离飞了 101 小时 53 分，飞艇中燃油还够飞 4800 千米。

休息 4 天后，埃克纳急于继续飞行。8 月 23 日早晨，他们踏上轻于空气的飞艇从没有飞越过的浩瀚的太平洋。途中，他们遭遇夹着闪电和雷击的暴风雨，充满氢气的飞艇处于十分危险的境地。8 月 25 日晚，飞艇来到旧金山，低低地飞过金门大桥，几百艘船和汽车鸣笛致意，军用飞机和私人飞机编队前来护航。8 月 26 日清晨 5 点 30 分，飞艇在飞行 78 小时 58 分、8800 千米之后在洛杉矶附近的迈恩斯机场降落。在这里飞艇耽搁一个白天之后继续最后一段行程：先经墨西哥北部，再向美国西南部，然后往北到芝加哥和威斯康星并进入加拿大，再向东到底特律、克利夫兰，最终到达纽约。最后一段距离是 4700 千米，飞了 51 小时 13 分。一路上，观者如潮，人们跟随电台的报道跟踪飞艇的行踪。飞艇在

自由女神像
　　坐落于美国纽约市附近自由岛上的自由女神像，全称是"自由女神铜像国家纪念碑"，正式名称是"照耀世界的自由女神"，是法国在 1876 年赠送给美国独立 100 周年的礼物，如今成为美国重要的观光景点。铜像的主创设计师是以建造巴黎埃菲尔铁塔闻名于世的法国工程师古斯塔夫·埃菲尔。

冰点
　　将淡水结冰的温度值，叫做冰点，通常为 0℃。

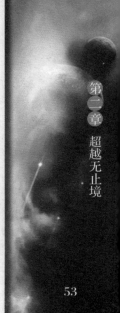

第二章　超越无止境

超越 疆境
——航空史著名「第一次」

各地都受到热烈的欢迎，各种各样的飞机都纷纷起飞来迎接和护航，送了一程又一程。

1929 年 8 月 29 日，飞艇经过 21 天 7 小时 34 分的飞行又回到了起点，总共飞行 31300 千米。在这 21 天多的时间里，飞艇实际飞行 9 天 20 小时 23 分。这次飞艇环球飞行被认为是由戴姆勒发动机、出色的导航和绝好的操纵共同创造的业绩，在全世界引起巨大的轰动和一片热烈的赞扬，成为航空史上最伟大的事件之一。

"兴登堡"号失事后，埃克纳（右二）曾为 LZ-130 "齐伯林伯爵" 2 号飞艇的氦气供应问题到美国面见罗斯福总统（左二）

"齐伯林伯爵"号成功的环球飞行证实了飞艇可以用于旅客长途运输的预言。在随后的几年里，"齐伯林伯爵"号进行了 50 多次越洋飞行，携载旅客 16000 多人，没有发生任何事故。

平流层飞艇
是一种轻于空气的浮空器，依靠空气浮力驻空，由太阳能为其提供能源动力，并带有推进系统，不依赖机场或跑道可实现垂直起降，能悬停于任意地理位置上空，运行高度超出空管范围，不受对流层恶劣天气影响，可全天候全天时连续工作，特别适合我国国土与边境地区的对地观测应用。

中国第一个平流层飞艇制造基地破土动工

2013 年 2 月 20 日，我国第一个平流层飞艇制造基地建设项目在内蒙古阿拉善盟巴彦浩特镇破土动工。基地建成后，可实现飞艇研发、制造、集成测试、维护等一系列功能。另据《人民网》2015 年 12 月 7 日报道，我国自主研发的第一艘平流层飞艇"圆梦号"已经完成首次试飞。

第二次世界大战后，埃克纳作为古德伊尔公司的航空顾问到了美国，1948年返回德国。他一生驾驶飞艇飞过2000多次，其中包括一次环球飞行。他对推动全球航空运输事业所做出巨大贡献，因此获得过很多奖励，包括1937年度古根海姆奖、1938年英国皇家航空学会金奖等。这位一度愤世嫉俗的记者，无疑是全世界顶尖的飞艇专家。

中国飞艇设计第一人

　　19世纪末叶，欧美一些国家热衷于设计、制造飞艇。在这股追求新科技热潮的推动下，中国人也不甘落后，加入到研制飞艇的行列中，其中一位叫谢缵泰。

　　谢缵泰是广东开平人，生于澳大利亚悉尼，中学毕业后随父到香港，肄业于皇仁书院，长于数学和手工技艺。西方飞艇成功的消息传到香港后，引起他研究飞艇的兴趣。他从1894年开始研制飞艇，1899年春几易设计蓝图，最后终于出色地完成了飞艇

谢缵泰

的设计工作，精心绘制了飞艇详细设计蓝图，开列出生产制造飞艇所需材料，并附有飞艇构造与使用详细的说明书，亲自赴京，将它呈献给清朝政府，期望能获得批准试制。谁料，腐败、昏庸、闭关锁国的清廷，对于当时世界上这一最新科学技术成果一无所知，竟然将谢缵泰苦心钻研的成果——飞艇设计蓝图打入了"冷宫"。

　　谢缵泰早年曾参加兴中会，从事革命宣传工作，编辑《南华早报》。他还是著名的《时局图》的作者。该图画极其生动形象地向国人展现了19世纪末帝国主义列强瓜分豆剖中国河山的严重危机，令人触目惊心，催人觉醒奋起，很有教育意义。

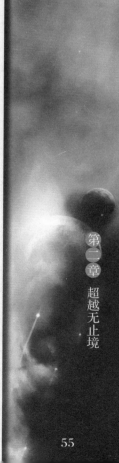

第二章　超越无止境

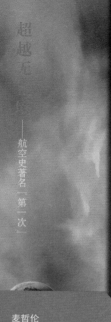
世界巡航

1519—1522 年，葡萄牙人麦哲伦率领船队用 3 年时间完成了人类历史上第一次环球航行。402 年以后，一群美国人驾驶 4 架飞机开始环球飞行，其中两架历时 175 天分段绕地球一圈，完成了人类历史上第一次飞机环球飞行。

麦哲伦

斐迪南·麦哲伦（1480—1521 年），葡萄牙人，为西班牙政府效力探险。1519 年 9 月 20 日，率领由 5 艘舰船共 256 人组成的船队开始远航。1521 年 4 月 27 日麦哲伦死于菲律宾部族冲突中，仅部分船员继续航行。1522 年 9 月 8 日，船队中不足 20 人乘"维多利亚"号回到出发地。这就是著名的麦哲伦环球航行，完成了有史以来最辉煌的探险旅行，证明了大地球形说是正确的。

万事俱备

第一次世界大战后的几年里，美国陆军航空勤务队（美国空军的前身）经费严重不足。1923 年预算不到 300 万美元，只够固定费用和正常维护开支，根本没有钱买新飞机或进一步发展。为了提高知名度和获得公众的支持，航空勤务队鼓励飞行员参加各种空中冒险活动，希望以此向公众和国会"推销"美国军用航空，从而获得更多的经费。航空勤务队司令帕特里克少将及其手下想出来一连串看上去似乎像蛮干的事情，其中最雄心勃勃的要数 1923 年提出的环球飞行计划了。计划获准后，便进入准备阶段，包括选择合适的飞机和确定航线。

经过对比，航空勤务队最后选定了由道格拉斯公司在为海军生产的 DT-2 基础上改装的一架"道格拉斯世界巡航者"飞机。它是一架大型、皮实的双座双翼机，载重能力特别好。飞机装一台 420 马力（约 308.7 千瓦）"自由"发动机。在结构上，为了适合环球飞行，把 DT-2 上的鱼雷和军用设备拿掉，代之以副油箱，以增加飞机的航程。后来正式订货的 4 架生产型 DWC 飞机的总油

"道格拉斯世界巡航者"（DWC）飞机

量达到 582 加仑（约 2202.87 升），最大航程达 3520 千米。

DWC 原型机的试飞结果令人十分满意。这样，道格拉斯公司在 1923 年 11 月 27 日获得 4 架 DWC 生产合同，包括备件在内总金额 192684 美元。生产随即开始，最后一架飞机是 1924 年 3 月 11 日完成的。

机组中的 4 位飞行员是帕特里克将军选定的，他们是马丁少校、韦德中尉、史密斯中尉和尼尔森中尉。每位飞行员负责选自己的观测员／机械师：马丁选了哈维中士，韦德选了奥格登中士，史密斯选了阿诺德中尉，尼尔森选了哈丁中尉。8 个人被派往弗吉尼亚州兰利机场，在那

美国陆军航空队环球飞行的"标识"

里紧张地进行空中导航、气象学和急救方面的训练。上午在课堂听课，下午用带浮筒的 DWC 原型机进行训练，因为 4 名飞行员以前谁都没有使用水上飞机的经验。

在遴选和培训机组人员的同时，航线规划工作也在进行，主要包括标定航线和把备件运往全球各个战略位置上。备件包括 15 台"自由"发动机、燃油、滑油和飞机上用的各种替换件。美国海军和海军陆战队同意沿飞行路线部署它们的舰只，并提供所需要的任何支援，因为这项环球飞行计划已经成为一项国家计划。在外交方面，美国国务院出面为机组获得相关国家的许可，可以沿计划中的航线飞越所有国家的领空。不过，由于当时美国还不承认苏联，因此飞机不能飞越西伯利亚，只能走南线，从而使航程增加 6875 英里（约 11000 千米）。可以说，美国不惜举全国之力，使自己成为第一个让环球飞行梦想成真的国家。

4 个机组人员完成培训之后，被派往道格拉斯公司在圣莫尼卡的工

燃油

燃油即航空燃料，是专门为飞行器而设的燃油品种，其质量比地面上汽车使用的燃油高，通常都含有不同的添加物以降低结冰和因高温而爆炸的风险。航空燃油分为两大类：航空汽油，用于往复式活塞发动机；航空煤油，用于航空燃气涡轮发动机和冲压发动机。

滑油

滑油即航空润滑油，一般是指飞机及地面机场设备上使用的油品，主要包括航空发动机油、航空传动系统用油、航空润滑脂三大类。

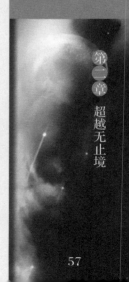

第一次环球飞行路线示意图

厂参与监造、试飞和接收飞机，达到尽早熟悉自己所驾飞机的目的。4架 DWC 从 1 号到 4 号，分别以美国 4 个不同方位大城市的名字命名。马丁（1 号机）选择了"西雅图"，史密斯（2 号机）选择了"芝加哥"，韦德（3 号机）选择了"波士顿"，尼尔森（4 号机）选择了"新奥尔良"。

跌跌撞撞铸辉煌

经过认真的准备，环球飞行最终在 1924 年 4 月 6 日拂晓从西雅图

从美国陆军通信兵航空科到美国空军

美国空中力量从归属陆军到建立独立空军，其间经过 40 年的演变，主要称谓有：1907 年 8 月 1 日—1914 年 7 月 18 日称为美国陆军通信兵航空科（Aeronautical Division, U.S. Signal Corps）；1918 年 5 月 24 日—1926 年 7 月 2 日称为美国陆军航空勤务队（U.S. Army Air Service）；1926 年 7 月 2 日—1941 年 6 月 20 日称为美国陆军航空兵（U.S. Army Air Corps）；1941 年 6 月 20 日—1947 年 9 月 17 日称为美国陆军航空队（U.S. Army Air Forces）。1947 年 9 月 17 日，根据《1947 年国家安全法案》规定，组建了与美国陆军和美国海军地位平等的独立的美国空军（U.S. Air Force）。

的华盛顿湖面起飞。起飞后不久，机队遇到大雾，然后又是雨、雹、雪和大风，在鲁珀特王子港着陆时，"西雅图"号在关键时刻因看不到水面而受伤。4月10日，4架飞机顶着大风雪向阿拉斯加进发。据飞行员后来回忆，当时"所有东西都是一种颜色，白茫茫一片"。在契尼克湾和荷兰港之间，"西雅图"飞行员马丁患了雪盲症，飞机撞到山坡上散了架，幸好马丁只受了轻伤，和机械师哈维俩人守着飞机残骸过了一夜，随后用了10天时间才走到有人烟的地方。

　　与此同时，由史密斯率领剩下的3架飞机到达阿图岛。5月15日向太平洋中日本人控制的幌筵岛进发，在那里他们得知马丁和哈维俩人处于安全地域，于是3架飞机继续前进到达东京。在东京，机组彻底检查了飞机，并安装了新发动机。

　　从日本出发，3架飞机向中国上海进发，然后沿海岸向南飞向印度支那的海防市。在南中国海上空，史密斯的"芝加哥"的发动机出了毛病。发动机转速极不正常，温度急剧上升，史密斯谨慎操纵他的飞机，在一处隐蔽的小海湾着陆，刚一触地，发动机就炸成碎片。此后的72小时史密斯是在难熬的等待中度过的。为了给"芝加哥"号飞机换发动机，史密斯不得不拖着飞机沿河而上，在到达一座古老的桥后，利用桥体结构来支撑绞盘进行维修。

直升机第一次环球飞行

　　固定翼飞机能环球飞行，直升机能不能？人类用事实作了回答。1982年9月30日，美国人佩罗特和科布恩驾驶着以"得克萨斯精神"命名的贝尔206L"远程突击队员"2在得克萨斯达拉斯机场着陆，完成第一次直升机环球飞行，用时29天3小时8分。1982年8月5日—1983年7月22日，澳大利亚飞行员迪克·史密斯驾驶以"澳大利亚探险者"命名的贝尔直升机公司206"喷气突击队员"3，飞行了56742千米，第一次完成直升机分段单人环球飞行。

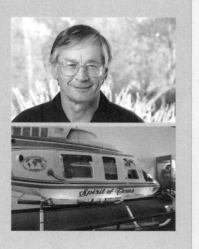

澳大利亚人迪克·史密斯和第一次环球飞
行的"得克萨斯精神"号直升机

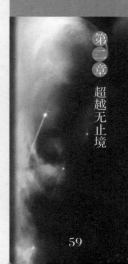

重新上天之后，3架飞机继续飞向西贡、曼谷和缅甸仰光。然后沿孟加拉湾向印度加尔各答前进。7月1日，机队离开加尔各答，在华氏120度高温及沙暴中穿越印度，在卡拉奇3架飞机再次更换发动机。

参加第一次环球飞行的4架飞机中的"芝加哥"号，如今珍藏在华盛顿国家航空航天博物馆里

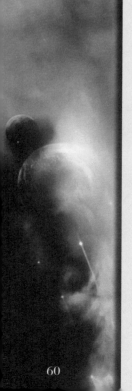

国家航空航天博物馆

国家航空航天博物馆坐落在美国首都华盛顿特区，是史密森学会博物馆群落中的一个，建于1946年，1976年7月1日开放，是世界上收藏航空航天器实物最多的馆，因此也成为世界上从事航宇历史和技术的研究中心。

7月7日，3架飞机再次升空，经过巴格达、叙利亚沙漠、布加勒斯特、布达佩斯、维也纳、斯特拉斯堡、巴黎，到达伦敦。在伦敦附近一家飞机公司的机场对飞机进行彻底检修并再次更换了发动机和浮筒后，机队准备飞越大西洋。

8月2日，3架飞机向大西洋上的冰岛飞去。途中"波士顿"因为遇到紧急情况在浪尖上降落而受伤，最后飞机散了架，竟随波逐流而去，两名机组人员被送到冰岛雷克雅未克。

至此，4架飞机只剩"芝加哥"和"新奥尔良"两架了，为了等待燃料在格陵兰岛它俩又耽搁了十多天。最后在返回北美大陆拉布拉多的途中，"芝加哥"号的两个油泵都坏了，阿诺德被迫用手摇动应急泵，当飞机着陆时，他已经筋疲力尽了。

在下一站皮克陶，飞行员得到一个意外的惊喜。在港口停着另一架"世界巡航者"——DWC的原型机，这时它取名"波士顿"2号机。它是根据帕特里克将军的命令，从兰利机场直接飞过来的。帕特里克觉得，韦德和奥格登飞了这么远的距离，理应最后完成这次飞行，并参加归国庆典。

在波士顿，他们最后一次把浮筒换成机轮，并经历了其人生第一次"人潮汹涌、欢声雷动的回家庆典"。两天之后，他们从纽约飞往首都华盛顿，受到柯立芝总统的欢迎。随后DWC机队从首都开始横跨美洲大陆的飞行，中途经停代顿、芝加哥、达拉斯、圣地亚哥等十余站，回到飞机出厂的圣莫尼卡的克罗弗机场。在每一站，环球飞行归来的英雄都受到疯狂人群的热烈欢迎，包括热情的演说和宴会。最后，被一场场活动搞得筋疲力尽的机组人员飞往旧金山，在1924年9月28日到达西雅图附近的沙角机场——这次环球飞行的正式起点。

这次被誉为"现代麦哲伦"的环球飞行历时175天，实际飞行371小时11分，航程44340千米。这是飞机的第一次环球飞行，平均速度为124.8千米／小时。

今天，"芝加哥"号保存在华盛顿国家航空航天博物馆，而"新奥尔良"号放在美国空军博物馆。"波士顿"2号已于1932年报废了。

中国人第一次环球飞行

陈玮

湖南长沙人陈玮，2011年5月22日驾驶自购的索卡塔TBM700单发螺旋桨飞机从美国孟菲斯出发，飞越21个国家和37个城市，历时69天，总行程约4万千米，于当地时间7月29日10点49分返回孟菲斯国际机场，成为全球第167位驾驶单发飞机完成环球飞行任务的飞行员，也是完成环球飞行的第一位中国人。陈玮1995年赴美留学，1998年取得工商管理学硕士学位后在美国创业，创办了商翔实业公司，任该公司董事长、执行总裁和大都市银行董事及孟菲斯市长顾问，2007年获得飞机驾驶执照。

孤胆雄鹰

查尔斯 A・林白是航空史上一位最具传奇色彩、最具争议的美国名人。1927 年 5 月 21 日，年仅 25 岁的他孤身连续飞行 33.5 小时，创造了两项世界纪录：第一次实现了从纽约到巴黎的直达飞行；史上飞行时间最长的连续飞行。

1927 年 5 月 21 日晚 10 点 24 分，"圣路易斯精神"号自纽约起飞，用 33 小时 30 分不间断地飞完 5810 千米后，在巴黎着陆了。是当地欢迎人群汽车的头灯把林白引导到机场，飞机着陆后，他被成千上万激动的人们包围起来。一个记者报道，"自 1918 年停战以来，巴黎再未见到过像那晚涌上街头探听那个美国飞行员的消息的人群所展现的彻底的公众狂热与骚动，他赢得了巴黎人的心。"

以圣路易斯的名义

林白（也译作林德伯格）1902 年 2 月 4 日出生于密歇根州底特律，他 1.90 米的个子被好友取了个"瘦子"的绰号。1920 年高中毕业后，林白进入威斯康星大学机械工程学院，1922 年 2 月投身飞行，但还未及放单飞，学校就停业了。他只好在一个巡回表演的飞行队当了一名机械师兼售票员，有时也客串表演在机翼上行走和跳伞。

1923 年 4 月，林白买了一架第一次世界大战中剩余的 JN–4 "珍妮"教练机准备单干。同年 10 月，为了参加全美飞行大赛他来到圣路易斯。在这

林白

里，林白进了美国陆军航空军官学校，并以第二名的成绩结业，后在高级航校以第一名的成绩结业。1925 年，他成为美国陆军航空兵少尉军官。

此时，恰逢陆军飞行员过剩，刚毕业的林白就退役回到圣路易斯，成了民用飞行员，只是技术今非昔比。年末，他正式受雇于罗伯森飞机公司，开展航空邮政业务。1926 年 4 月 15 日，他用第一次世界大战时研制的德·哈维兰飞机开通了邮政航线，虽然只在这条 458 千米的航线上飞了几个月，却积累了丰富的经验。

20 世纪二三十年代是航空技术蓬勃发展的时期，各式各样的比赛让

1926 年，林白是圣路易斯—芝加哥航线上的一名邮政飞行员

新纪录层出不穷。早在 1919 年，法国富翁奥泰格就悬赏 25000 美元，奖励第一个完成纽约至巴黎不着陆飞行的人。此后，许多优秀飞行家都踊跃尝试，历时 8 年之久，尝试者均以失败告终。有的机毁人亡，连尸骸也未找到。当人们听说年仅 25 岁的邮政飞行员林白想来一试身手时，公众和媒体大多认为他也将遭遇悲惨的下场。

林白有了尝试夺取奥泰格奖的想法后，便开始寻求别人的支持。他最聪明之处也许是没有将这次飞越大西洋作为个人的冒险，而是作为圣路易斯城市的荣誉，因为这不仅能证明现代航空器的能力，还能扩大圣路易斯的知名度，显示这个城市具备发展航空制造业和商业航空的极为

理想的条件。在寻求赞助的努力中，林白遭遇了不少白眼，但他后来见到了银行家兼圣路易斯商会主席哈罗德·比克斯比，出乎意料的是，在短时间内比克斯比就为他筹集了25000美元，林德伯格终于可以甩开膀子大干一场了。

头号问题是如何找到一架能飞足够远航程的飞机。很多知名的飞机制造厂家对他的要求不屑一顾，最后一家叫瑞安航空的小公司答应在60天内按要求的性能赶制一架飞机。这架飞机是从标准的M-1邮政飞机

很多人在为这架瑞安公司的飞机将要进行的远距飞行忙碌着

改进而来的，也是瑞安航空公司生产的第30架飞机，称为NYP（即纽约—巴黎）"圣路易斯精神"号，经过工人整整60天加班加点，飞机于1927年4月27日完成。

为了进行长距离飞行，飞机除了一台发动机和基本座舱外所有能利用的地方都改成了油箱，机身和机翼中能装1225千克燃料，飞行员从座舱里要用潜望镜才能看到前方景物。为减轻重量，林白拆去了导航设备，撕掉了笔记本上不必要的纸页，甚至把地图上的边缘部分都给剪了。当有人问林德伯格带五个三明治是否够吃时，他回答说："要是我能到巴黎，这些就足够了；要是我到不了巴黎，即使带更多也没必要了。"

孤胆雄鹰

经过不长时间的准备，林白决定抓住大西洋上空高压气流及随后好天气的机会，开始进行他的冒险飞行。1927年5月20日凌晨，他来到纽约长岛罗斯福机场，先对飞机进行了检查，然后将它拖上1500多米长的跑道。利用出发前难得的空隙，林白在脑子里飞快地重温自己过去4年的飞行经历：包括7189个架次（驾驶"圣路易斯精神"号也安全飞

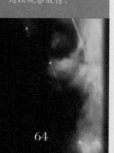

潜望镜

潜望镜是指从海面下伸出海面或从低注坑道伸出地面，用以窥探海面或地面上活动的装置。其构造与普通地上望远镜相同，唯另加两个反射镜使物光经两次反射而折向眼中。潜望镜常用于潜水艇，坑道和坦克内用以观察敌情。

了 32 架次）1790 小时 10 分的飞行经验，以便使自己进入平和的心境。

　　早晨 7 点 54 分，林白驾机起飞，由于飞机过重，飞机离地瞬间差不多到了跑道尽头。

　　在当时飞机的设备极其简陋的情况下，林白在途中遇到的种种困难是常人难以想象的：暴风雨的袭击；400 千米航路上无任何标记可寻，四面除了海水还是海水；白天会遇到厚厚的雾气，雾中迷航只能靠天文航海技术及航位推算法来引导飞行方向；夜幕中头上是没有月色的黑沉沉的天空，下面是更黑的大海，十多个小时和地面失去联系；飞机在高空结冰也是一大威胁，使他几次想放弃……此外，林白还要战胜一个最

"圣路易斯精神"号飞机

"圣路易斯精神"号飞机

　　代号 N-X-211 的"圣路易斯精神"号飞机是瑞安公司在 M-1 邮政机基础上专为林白改进的一架飞机，采用支柱式上单翼布局，装 237 马力（约 174.20 千瓦）的 J-5C"旋风"发动机，翼展加长 3 米，机身结构部分和机翼组件重新设计以便

珍藏在博物馆里的"圣路易斯精神"号

在前机身安装大容积的油箱。最后的飞机长 8.41 米，翼展 14.02 米，机高 2.99 米，空重 975 千克，最大质量 2329 千克。在试飞中，林白曾驾驶它从西海岸的圣地亚哥起飞，中间在圣路易斯经停一次，飞往东海岸的纽约，用时 21 小时 40 分，创造了横跨美国大陆的新纪录。1928 年 4 月 30 日，林白把飞机送给美国国家航空航天博物馆永久珍藏。

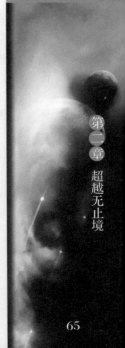

第二章　超越无止境

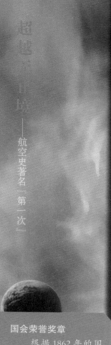
大的敌人——睡魔，起飞前他已有 36 个小时没有合过眼。当他感到眼睛快要闭上时，就把脸紧紧贴在冰冷的座舱壁上，让自己变得清醒一些。

经过 28 小时飞行，飞机下面出现了陆地——爱尔兰岛海岸。他随即把飞行方向对准东南，向巴黎飞去，再有 5 个多小时，就可以到达目的地。天色渐暗，灯光通明的巴黎犹如茫茫大海中的灯塔，塞纳河波光粼粼，马路上汽车并排前进，拥堵了大街。法国人从出租车的天窗上探出脑袋，互相兴高采烈地打着招呼。"每人手中都握着酒瓶，车流缓慢，酒瓶在车与车之间传来传去，庆贺这一惊世骇俗之壮举的成功。"一个狂欢者回忆 1927 年的那个夜晚。

纽约—巴黎飞行完成之后，在美国人心目中，林白成为一位真正的英雄，被授予"国会荣誉奖章"，并到南美洲进行友好访问。在墨西哥，他遇到美国驻墨大使的女儿，俩人结为伉俪。不幸的是，1932 年他们的儿子遭绑架并被杀害，使林白再次成为轰动一时的新闻人物。为了躲避媒体无休止的纠缠，他躲到欧洲。第二次世界大战爆发前夕，德国空军部长邀请他参观德国空军。参观给他留下深刻的印象，以致他在 1940—1941 年几次告诫美国不要介入欧洲冲突，对此，美国总统罗斯福极为恼火，严加驳斥。

珍珠港事件后，林白重新入伍，帮助建立轰炸机生产线、参与训练新飞行员，还亲自在南太平洋参战，打下过日本飞机。

1927 年以来，林白还一直是泛美航空公司的技术顾问，战后他仍继续这项工作。他的自传体小说《圣路易斯精神》获得 1954 年"普利策奖"。

1974 年 8 月 26 日，72 岁的林白患淋巴癌在夏威夷去世。

林德伯格出发前

林白的飞机降落在巴黎布尔热机场，受到热烈欢迎的盛大场面

横跨美国大陆的飞行时间记录

随着航空技术的进步，横跨美国大陆的飞行时间纪录不断刷新，这里只列举最慢和最快的两个：美国第一个横跨美国大陆的飞行纪录是1911年9月17日罗杰斯驾驶"莱特EX"从东海岸起飞，经过无数次数的着陆、推延和事故，49天之后抵达西海岸，实际飞行时间82小时4分，航程6954千米。1990年3月6日，一架三倍声速的SR-71只用1小时4分20秒就从洛杉矶飞到华盛顿，创造了横跨美国大陆飞行的最快纪录，平均时速3418千米/小时。

世界上第一种以飞机为图案的邮票

邮票被称为"国家名片"。1918年美国发行了世界上第一套以JN-4飞机为图案的邮票。

JN-4于1916年7月问世，取名"珍妮"，双翼、双座，除美国自己使用外，也向英国等国销售，是当年美国唯一拿得出手的飞机。从1917年4月美国参加第一次世界大战开始，包括寇蒂斯公司在内的6家供应商总共生产了6070架，美国和加拿大军队95%的飞行员是用JN-4训练出来的。林白第一次驾驶的飞机就是JN-4。

四方连的"倒珍妮"邮票

美国的民航事业是从邮政飞行开始的，1918年5月，一架换装了大功率发动机的"珍妮"开辟了美国第一条空邮航线。1918年美国正式发行了世界上第一套以飞机为题材的航空邮票，图案就是JN-4双翼机。全套共三枚，面值分别为6美分、16美分、24美分三种。其中面值24美分的那一种，边框为红色，中心图案为蓝色，分两次套印，由于印刷工人疏忽，造成中心倒印错体票，也就是有名的"倒珍妮"，目前是美国邮票中最罕见、昂贵的邮票之一。

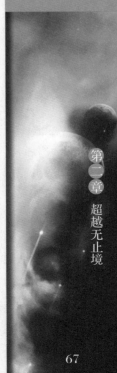

第二章 超越无止境

67

独眼飞人

　　对于挑战飞行的人们来说，20 世纪 30 年代是一个令人夸耀、惊叹的年代。其中美国人威利·哈德曼·波斯特格外引人注目。人们赞叹他继 1931 年完成双人环球飞行后又于 1933 年成功地完成了单人环球飞行。更令人敬重的是，他还是一位只有一只眼睛的"独眼飞行家"。

身残志坚

　　威利·哈德曼·波斯特生于美国得克萨斯州一个农民家庭。家中有 7 个孩子，他排行老四。一家人虽辛勤劳作，但仅仅勉强维持生活。1913 年。波斯特在博览会上看到飞机表演特技飞行，从那一刻起他决心投身航空。

　　第一次世界大战开始，波斯特应征入伍，战后在油田当工人，收入很不错，但仍对飞行念念不忘。1918 年夏天，他花 25 美元坐了一次开放式座舱的飞机，终于体

威利·哈德曼·波斯特

验到飞行的滋味。1924 年，在看飞行马戏团表演时，从来没有跳过伞的波斯特顶替受伤的跳伞员，第一次跳伞居然就成功了。这一跳使波斯特感受到生命中最大的震撼，从此开始实现他学习飞行、投身航空的梦想。1926 年，波斯特驾驶 JN-4 放了单飞。为了自己买飞机，他第三次回到油田去打工挣钱。1926 年 10 月 1 日，他正在干活，旁边的另一个工人在用大锤钉螺栓。当大锤落下时，螺栓上飞出一片金属屑，击中了波斯特的左眼。左眼感染了并很快殃及另一只眼，无奈之下波斯特只得摘除左眼。

　　对于一个航空迷来说，失去一只眼睛无疑是个沉重的打击，那时他才 28 岁，只上过 8 年学，只有跳伞和打工的经历，前途堪忧。但波斯特不服输。他在叔叔家养病期间就开始练习用一只眼来目测树或篱笆柱

子间的距离，然后再实际丈量，以检验他目测的精度。最终他那只好眼的视力训练得极好，就跟有两只眼一样。

挑战，挑战

不久，做石油生意的霍尔雇用波斯特当飞行员。在为霍尔工作期间，他参加了1930年举行的洛杉矶到芝加哥的不着陆飞行全国航空大赛，以9小时9分9秒飞完全程2816千米，获得奖金7500美元。这次飞行的成功使波斯特和霍尔想进行更大的冒险，他们决定创造环球飞行的速度纪录。

1931年6月23日，波斯特和领航员盖蒂驾驶洛克希德公司"织女星"号飞机从纽约罗斯福机场起飞，第一站到纽芬兰的格雷斯港，然后横越大西洋，进入欧洲，

波斯特和他的领航员盖蒂

先后在柏林、莫斯科、伊尔库茨克和哈巴罗夫斯克着陆，接着飞越堪察加半岛，进入阿拉斯加、克利夫兰，最后于1931年7月1日回到纽约。专业计时员记录的时间为8天15小时51分，飞行里程共计24902千米，飞机留空时间107小时2分。他们俩人的这次飞行打破了"齐伯

洛克希德公司的"织女星"号飞机收藏在博物馆里

林伯爵"号飞艇1929年创造的21天5小时31分的环球纪录，把该纪录缩短了12天还多。

这次环球飞行显示了航空技术取得的重大突破，比起7年前人类第一次乘飞机环球飞行用了175天的纪录来说，前进了一大步。尽管波斯特对自己低调评价，但他的业绩还是得到了全世界的赞誉。当时的《俄克拉荷马日报》预言道："像波斯特和盖蒂完成的这种业绩，过不了多久会成为很普通的事。以后世界对环球飞行这样的事不会再那么疯狂地喝彩，就像早晨起来从纽约飞到费城那么简单。人类的未来将是空中的竞赛。"

哈罗德·盖蒂

澳大利亚领航员、发明家和航空先驱，1927年移民美国，林德伯格称他为"领航王子"。1917年开始海上领航生涯，年仅14岁。1928年，注意力转向空中导航，特别是跨洋飞行的领航，他发明了空中六分仪、航空精密计时仪和偏航观测仪等导航仪器。

"织女星"号飞机

"织女星"（Vega）号飞机是1926年成立的洛克希德飞机公司的第一个产品，采用悬臂上单翼、木结构，1927年7月首次试飞。在短短几年时间里，该机完成了一系列重要的飞行，名声大振。1928年，胡伯特·威尔金斯爵士用第三架"织女星"号进行了一系列极地飞行。波斯特1930年驾驶"温妮·梅"号（用飞机主人的女儿的名字命名）在洛杉矶—芝加哥空中拉力赛中获胜；1931年和1933年又两次创造环球飞行的世界纪录。到停产为止，"织女星"总共生产了128架。

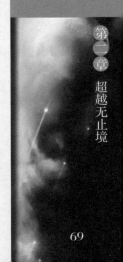
第二章 超越无止境

69

但波斯特并不满足，他为自己树立起又一个新的目标：要一个人单独完成环球飞行。两年后，即 1933 年 7 月 15 日，他再次驾驶同一架"织女星"号飞机以 7 天 18 小时 49 分绕地球飞行一周，打破了自己创造的纪录。这次创纪录飞行使用了两项相当新的航空设备——自动驾驶仪和无线电测向仪。自动驾驶仪能纠正航向的偏差，使飞机保持正确的航路；无线电测向仪能帮助波斯特引导飞机在整个航路上指向特定的无线电发射机。

古德里奇公司为波斯特制作的增压服

1934 年，波斯特开始尝试高空、远程飞行的可能性。但是"温尼·梅"号飞机的座舱是不增压的，于是波斯特在古德里奇公司的帮助下研制出世界上第一套增压的飞行服。1935 年 3 月 15 日，波斯特穿着增压服，驾驶装有增压器和可抛起落架的"温尼·梅"号飞行在 9120 米以上高空，以 7 小时 19 分飞完从加州伯班克到克里夫兰的 3256 千米，飞机好几次地面速度达到 544 千米 / 小时。这次飞行表明，在高空能使飞行速度大大提高。

艺高不必胆大

不幸的是，两年后，波斯特和他的朋友——美国著名幽默作家威利·罗杰斯一起在阿拉斯加因飞机坠落而丧生。事情的经过是这样的：

1935 年，波斯特热衷于探索一条从美国西海岸到俄罗斯的邮政—客运航路。由于资金匮乏，他用从不同飞

波斯特和他的座机"温尼·梅"号

机上搞到的部件拼凑了一架"杂拌飞机"：用还适航的"猎户星座"号的机身加上试飞中坠毁的"探险家"号飞机的机翼。"探险家"号的机翼比"猎户星座"原来的机翼长出 1.8 米，据认为这可以加大"杂拌飞机"的航程。因为"探险家"号机翼没有可收放起落架，还需要安装浮筒以便在阿拉斯加和西伯利亚地区的湖面上着陆。洛克希德公司断然拒绝波斯特提出的改装申请，理由是"两种设计不匹配、组合在一起可能很危

险"。在这种情况下，波斯特没有其他选择，只能自己改装。改装中，波斯特还在"杂拌飞机"上采用了当时能找到的最大的发动机和最大的空气螺旋桨，并更换了减速器。

波斯特进行这项改装工作的时候，日后鼎鼎大名的美国飞机设计师凯利·约翰逊（设计过 P-38、F-80、F-104、U-2 和 SR-71 等著名飞机）已经进入洛克希德公司，他和他的同事都曾警告波斯特："你对这些东西要当心。你这么干，会使飞机失掉平衡！装这么大的螺旋桨会使飞机机头过重。""你在起飞时会遇到麻烦，因为我怀疑飞机的升降舵效能是否足够把机头抬起来。"波斯特对约翰逊等人的提醒，有些漫不经心，只是说"哦，我会控制住的"。

波斯特环球飞行 50 周年的纪念章

后来，波斯特拼凑的飞机拿到了适航当局颁发的合格证，就飞走了。事实证明，洛克希德公司和约翰逊等人的意见是有道理的，波斯特拼凑的飞机多次发生故障，最后造成机毁人亡。

约翰逊承认，波斯特是一位出类拔萃的驾驶员，他克服了许多障碍。他和罗杰斯在坠机之前，曾飞遍直到阿拉斯加最北部的很多地方，有的地方深入北极圈内 480 千米。当时有报道说，8 月 15 日，他们离开阿拉斯加费尔班克斯向巴罗角飞去。在雾中，波斯特迷失了方向，迫降在一个泻湖上，试图弄清楚自己所处的方位。他们曾经在一个爱斯基摩人的宿营地停留了 3 个小时，修理产生抖动故障的发动机。当他们再次起飞时，发动机再次出现故障，飞机摔在冰封的冻土地上，两个人都死于非命。波斯特的手表受到碰撞，指针停在 8 点 18 分。

美国人心目中的一位"飞行英雄"，只活了 37 岁就早早离开了人世。他的故事让我们有必要重新审视"艺高人胆大"这句名言。技艺高超的人，胆量就大，碰到别人看来棘手的事情，也能应付自如、举重若轻。但是"胆大"一定要有限度，不能违背科学，否则就是"盲动"和"蛮干"，最后只会造成悲惨的下场。

波斯特走了，但他的座机"温尼·梅"号属于美国 20 世纪 30 年代的重要文物，1936 年以来一直被国家航空航天博物馆收藏，如今陈列在史蒂文·乌德沃尔 - 哈齐中心。每当人们从这架飞机前走过，都会想起这位独眼飞行家的风采和业绩，当然也要牢牢记住他莽撞行事带来的教训。波斯特的增压飞行服也由博物馆收藏，不时送到马里兰州史密森学会的博物馆修复研究所去进行认真的修复。

空气螺旋桨

空气螺旋桨是靠桨叶在空气中旋转将发动机转动功率转化为推进力或升力的装置，简称螺旋桨。它由多个桨叶和中央的桨毂组成，桨叶好像一个扭转的细长机翼安装在桨毂上，发动机轴与桨毂相连接并带动它旋转。中国明代的民间玩具"竹蜻蜓"实际上就是一种原始的螺旋桨。喷气发动机出现以前，所有带动力的航空器无不以螺旋桨作为产生推动力的装置。螺旋桨仍用于装活塞式和涡轮螺旋桨发动机的亚声速飞机。

第二章 超越无止境

永无止境

自从莱特兄弟在 1903 年用自己设计和制造的飞机创造飞行纪录以来，再也没有其他人做出如此骄傲的业绩，而他们三个人做到了。驾驶"旅行者"号飞机创造环球飞行纪录的迪克·鲁坦说，"这是大气层飞行的最后一个伟大事件。"

空中加油

空中加油是指在空中一架飞机给另一架或几架飞机（或直升机）加注燃油，使其航程加大、续航时间延长。世界上第一次空中加油出现在 20 世纪 20 年代，是靠人工操作完成的。目前，成熟的空中加油有两种方式：一种是软管式，另一种是能伸缩的硬管式。据不完全统计，现在世界上共有十多个国家拥有专用空中加油机上千架。

飞机问世之后，驾驶飞机进行环球飞行的人并不罕见。但那些飞行不是分段完成，就是采用空中加油的办法，严格地说都不是真正的环球飞行。那么飞机能不能中途不着陆、空中不加油、连续绕地球飞一圈呢？能！接受这

"旅行者"号飞行

一挑战的是两个美国人：迪克·鲁坦和珍娜·耶格尔。他们经过 5 年多的努力，驾驶着由迪克的弟弟伯特·鲁坦设计并一起参与制造的"旅行者"号飞机，用 9 天 3 分 44 秒完成了首次不着陆、空中不加油的环绕地球一圈的旅程，总航程达 40212 千米，经国际航空联合会（FAI）认证，打破了 1962 年由 B-52 轰炸机创下的 20168 千米的飞行距离世界纪录，创造了一项被称为"空前绝后"的世界飞行距离纪录。

餐桌上的创意

迪克 1938 年出生，比弟弟伯特大 5 岁。小时候他们住在加州丁努巴镇，兄弟俩都是飞机迷，哥哥迷恋开飞机，而弟弟迷恋设计和制造飞机。中学毕业后，迪克加入空军，1967 年前往越南参战，前后 3 次，共执行

过 325 次空中战斗任务，后来因为被击落而退役。退役后，他到弟弟伯特创办的飞机制造厂工作，担任首席试飞员。1980 年，在奇诺镇举行的一个飞机展览会上，认识了珍娜·耶格尔。

迪克·鲁坦   迪克·鲁坦和珍娜·耶格尔

珍娜 1952 年出生在得克萨斯州，十分喜爱直升机。但要驾驶直升机必须先有飞固定翼飞机的执照，1978 年她拿到了驾照。迄今她保持着 9 项世界飞行纪录。

环球飞行的构想是 1981 年提出来的。一天，迪克、伯特和珍娜在飞机厂所在地莫哈维小镇的一家餐馆里吃饭。他们边吃边聊。这时的伯特已是美国公认的最富想象力的著名飞机设计师了。伯特突然提出一个大胆的想法，"你们想不想当世界上第一名中途不着陆、空中不加油的环球飞行驾驶员？"迪克和珍娜对此极感兴趣。"怎么才能做到呢？"他们问。伯特说："环球飞行大约要飞 4 万千米，到目前为止还没有一架飞机能够飞得这么远。关键是飞机带不了足够飞行这个距离所需的燃油。"伯特说完当场进行了计算，如果用铝合金制造，那么为了装载飞行用的燃油，这架飞机将同航空母舰差不多大。这显然是不现实的。"是的，不过现代科学技术的发展已经有可能采用轻型的复合材料来制造飞机。只要设计结构合理，完全有可能造出一架外形独特的轻型飞机，带足够的燃油，完成环球飞行。"伯特充满信心地说。

他越说越高兴，随手拿过餐巾纸掏出圆珠笔画起草图来。这就是后来环球飞行用的"旅行者"的外形。它的机翼很长，机身很短，两侧安装两根支撑梁，机身前部是鸭式前翼。两台活塞式发动机前后安放在机舱里。

莫哈维

莫哈维是位于美国西南部，跨加利福尼亚州、内华达州、亚利桑那州和犹他州四个州，面积达几万平方千米的沙漠地区，它不是黄沙滚滚、寸草不生的沙丘，而是有山有水、有国家公园的地区。由于这里气候条件温暖干燥和土壤结构适宜，因此聚集了不少重要的军事设施，如有"坚硬湖床"作为跑道的爱德华空军基地（是航天飞机着陆场、许多 X 系列研究机的试飞基地）和"航空航天维护与再生中心"（俗称"飞机坟场"）。

鸭式前翼

鸭子的脖子很长，飞行的时候翅膀位置很靠后。鸭式布局的飞机主翼位置也很靠后，从气动外形上和鸭子很像，但仅仅这样是不利于提高纵向操纵性的，所以加了个前小翼，于是把这一对小翼叫鸭式前翼。

第二章 超越无止境

环球飞行的壮举就这样从这家小餐馆的餐桌上起步了。珍娜搬到莫哈维，帮助鲁坦兄弟在机场旁边一栋小房子里造他们的飞机。

坚韧顽强

资金从哪里来？他们找个人、找企业提供赞助，但都没有成功。有些人觉得，"旅行者"计划既不可能，也很愚蠢。所有人都认为那将是十分危险的。可能提供赞助的企业似乎都有一种预感，觉得"旅行者"会变成一个大火球，在电视画面上出现悲壮刺激的场面，在烈焰浓烟中，电视观众还可以清楚地看到这家赞助企业的标志。找不到赞助企业，他们决定用美国方式，即到处演讲来筹集资金。他们成立了一个称为"旅行者人物俱乐部"的组织，入会者交纳100美元会员费，也不放弃小额捐款，哪怕是一块两块的。

随着与"旅行者"计划有关的新闻的广泛传播，越来越多的人伸出援手。许多退休的飞行员和航空工程师、技工，自愿来帮助制造这架"环球飞鸟"，连星期六和星期天都在机库里忙碌，却不取分文报酬。"旅行者"就这样没花国家一分钱，没有大公司投资，完全用私人力量，用热心于

"旅行者"飞机

航空的爱好者的双手，花费2年时间在因陋就简的设备上一点一点地制造出来了。

"旅行者"是一架"三明治"式结构的复合材料飞机，中间是蜂窝结构，外面包着浸透环氧树脂的碳纤维布。大部分零件是利用一座自制锅炉就地制造的，有时为了一个零件必须一连工作几天，每天工作

10~12 小时。

　　伯特把双体船和滑翔机的布局结合得浑然一体，外形奇特，结构精巧，给它取了"三体帆船"的诨名。为了达到环球飞行航程的要求，在尾梁、中机身、机翼和鸭翼的内部装了 17 个燃油箱，几乎挤满了所有可以利用的空间，使整架飞机变成了"飞行的油箱"。飞机机翼的翼展 33.77 米，比波音 727 客机的翼展还长。机翼翼稍装有小翼，以期取得最大的巡航效率。在飞机机身上驾驶舱的前后，装有 2 台活塞式发动机，分别驱动拉进式和推进式的螺旋桨，以驱动飞机前进。

　　到了 1984 年，他们终于制成了一个看起来像是飞机的东西。尽管飞机是自制的，但几家飞机公司提供了当时最先进的自动驾驶仪、通信和导航等设备，价值 200 万美元。制成的飞机质量为 900 千克，大致相当于一辆小汽车的质量。而全部燃料载荷达 3000 多千克，是飞机自身质量的三倍多。

"旅行者"机身全部使用复合材料

　　伯特·鲁坦设计的"旅行者"号轻型飞机外形独特，结构精巧。为了减小飞机质量问题全部采用复合材料制造。机身壳体采用 6 毫米厚的蜂窝夹芯结构，外面蒙上石墨纤维增强环氧树脂基复合材料表板。这样造出的壳体质量每平方米仅 1.22 千克，但却具有很大的强度。"旅行者"号翼展长 33.79 米，比波音 727 喷气客机的翼展还长。在飞行中由于受到气流的扰动，两端翼尖上下摆动幅度可达 8~9 米，但机翼强度很大而不致折断。全机结构质量只有 425 千克，加上发动机、设备等在空载时也不过 843 千克，还不及一辆小汽车质量的一半。机体虽然很轻，但载油量极大，17 个油箱能带 4056 千克的油，相当于飞机自身质量的近 5 倍，这在现代普通飞机上是很难做到的。伯特·鲁坦的设计，为轻飞机带大质量，闯出了一条突破性的道路。

伯特·鲁坦一生设计了几百种飞机，大部分是采用轻质复合材料制造的

"旅行者"号飞机的介绍，主图是飞机全貌和环球飞行的路线。在 3 个绿框图上可以看到"旅行者"和波音 727 飞机尺寸的比较、驾驶舱的拥挤、飞机选用的蜂窝夹心结构材料

翼梢小翼

　　翼梢小翼类似于机翼翼面的小机翼，近似垂直于机翼翼面，是由美国科学家惠特科姆于 20 世纪 80 年代发明的。翼梢小翼有单片小翼，上下小翼等多种形式，除作为翼梢端板能起增加机翼有效展弦比的作用外，还能减小诱导阻力。风洞实验和飞行试验结果表明，翼梢小翼能使全机诱导阻力减小 20%~35%，相当于升阻比提高 7%。翼梢小翼作为提高飞行经济性、节省燃油的一种先进空气动力设计措施，已被广泛应用。

复合材料

　　复合材料是由两种或两种以上不同性质的材料，通过物理或化学的方法，组成具有新性能的材料，使其综合性能优于原组成材料而满足各种不同的要求。复合材料的基体材料分为金属和非金属两大类。金属基体常用的有铝、镁、铜、钛及其合金。非金属基体主要有合成树脂、橡胶、陶瓷、石墨、碳等。

第二章　超越无止境

从 6 月开始，他们对"旅行者"进行了一系列试飞。本来预计试飞 10 次左右就能启程，但事与愿违，每次都有问题出现。他们最担心的是长长的机翼会因弯曲以及在飞行过程中不断拍动而断裂。

机舱只有 1 米宽、2.25 米长，像一个电话亭。里面只有一个驾驶座，另一个人只能躺着或趴着。俩人轮班操纵，换班时俩人要扭曲身躯、快速翻身来交换位置。只有起飞和爬升阶段，驾驶员才开动 2 台发动机，当飞机正常平飞时就关掉前发动机，以节省燃油，因此飞行速度很慢，一般只有 160~175 千米 / 小时。

空间狭窄，再加上一刻不停的发动机的轰鸣声，在这样恶劣的工作环境下要坚持 10 天，困难可想而知！

在两年多时间里，迪克和珍娜在试飞中解决了一系列问题，距离最长的一次持续飞了 111 小时 14 分钟，不着陆飞行的航程达 19082 千米，几乎绕地球飞了半圈。在试飞中，有时他们会遇到困难而心生恐惧，有一阵子他们对整个计划都感到厌倦。有一次，他们飞行 11 小时后在堪萨斯降落，迪克甚至说要把"旅行者"烧掉，然后坐火车回家，再也不想这次飞行了。后来，在听天由命的心情主导下，他们想起一句永远能激励士气的谚语："懦夫可以坐在家里，批评一个在浓雾中撞山的飞行员；但是我宁愿死在山上，也不愿死在床上。"他们终于下定决心，坚决把环球飞行进行到底！

创造奇迹

1986 年 12 月 14 日，东方破晓，晨雾渐渐散去，一轮朝阳冉冉升起，苦苦干了近 6 年的迪克和珍娜终于要起飞了。在美国洛杉矶以北 120 千米的爱德华空军基地，一批航空爱好者目送"旅行者"离地升空，飞向远方。由于飞机太重，他们在 4570 米长的跑道上足足滑跑了 4270 米才勉强达到起飞速度，让现场所有的人松了一口气。

上午 8 点钟，他们爬升到 1400 米高度，向西南方向飞去。面对即将飞越的浩瀚的太平洋，前途吉凶未卜。珍娜在记录本上写道，"一切都靠自己了。"按照事先计划好的航线，迪克和珍娜要向西南越过太平洋，飞越印度洋和非洲，然后横越大西洋，穿

2011 年伯特·鲁坦和航空发烧友共庆创纪录飞行 25 周年

过加勒比海回家。在环球飞行中，险象环生，麻烦一个接一个袭来。他们既要克服生活上的困难，定量吃喝，处理排泄问题和克服极度疲劳，经过好几天紧张驾驶却只能稍微打一会儿盹；又要在极其狭小的空间里操纵飞机，监视、控制并记录飞机各系统的工作情况，尤其是燃油的消耗；更要对付印度洋上空的雷暴、非洲上空的**湍流**、大西洋上空的逆风……；还要不断地处理发动机和其他系统的故障，不敢有丝毫的懈怠。在驾驶舱里，工作负荷远超出想象。在飞行途中，燃料必须从一个油箱向另一个油箱转移，才能保持平衡。他们必须监视自动驾驶仪和无线电，查看滑油表、冷却剂和温度表，此外，还必须记录速度、方位、风向、每分钟转数和燃料转移情况等。

他们在从印度至非洲的途中接到通知，说他们已经打破了 B-52 飞机 20168 千米的直线飞行航程世界纪录。当他们飞到墨西哥海岸上空时，飞机后面的一台发动机出故障了：燃油流不进发动机。前面一台功率较大的发动机，为了省油早先已经关掉。但两台发动机都不工作时，"旅行者"很快开始掉速度和掉高度。飞机下降了 5 分钟。经过一番努力，迪克终于重新启动了前面的发动机，随后燃油开始流入后面的发动机，它也重新开始工作。多亏两位驾驶员娴熟高超的驾驶技术、坚强的意志，加上通过卫星获得的准确的气象预报，他们终于把数不清的困难一一化解。

12 月 23 日早晨，"旅行者"号在空中连续飞行 9 昼夜零 3 分 44 秒之后，终于绕地球飞行一周，共飞行 40212.14 千米，实现了一项人们向往已久的目标。

福赛特创造新的飞行距离纪录

著名冒险大亨史蒂夫·福塞特 2006 年 2 月 12 日驾驶冠有赞助商名字的"维京大西洋环球飞行者"号飞机在英国伯恩茅斯着陆，创造了一项新的不间断飞行距离世界纪录：连续飞行 76 小时，距离为 42469.46 千米。他的这次飞行打破了 20 年前迪克和珍娜创造的单机不间断、不加油飞行 40212.14 千米的世界纪录。

福塞特创造飞行距离世界纪录用的"维京大西洋环球飞行者"号飞机

"维京大西洋环球飞行者"号的设计者依旧是设计"旅行者"的伯特·鲁坦，后来他还设计了准备用于商业太空旅行的"太空船一号"和"太空船二号"。

第二章 超越无止境

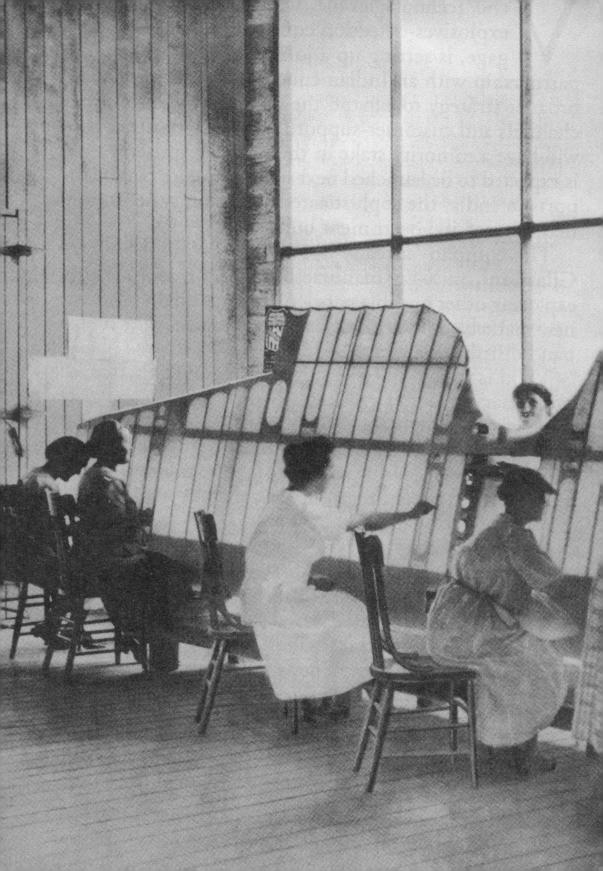

第三章
战火洗礼

初生牛犊

　　飞机发明还不到 8 年，就在 1911 年意土战争中第一次走上战场，在空战历史上创造了八项"第一"。从此，我们的天空便硝烟弥漫……

　　1911 年 9 月 27 日，意大利为夺取奥斯曼帝国在北非的殖民省份的土地，向土耳其政府发出了最后通牒。遭到拒绝后，9 月 29 日意土战争爆发。当时，土耳其还没有飞机，意大利却拥有军用飞机 20 余架，飞行员 32 名。这些装备和人员被编为隶属陆军的第一飞机连。

1911 年参战的意大利飞机和飞行员，和莱特刚发明的飞机还没有多大区别

　　战争爆发后，意军动员 9 架飞机——2 架"布莱里奥Ⅱ"、2 架"法尔芒"、2 架"鸽"、3 架"纽波特"——和 11 名飞行员组成航空队参战。10 月 15 日，航空队乘军舰抵达的黎波里海湾。10 月 23 日上午，队长皮亚扎上尉驾驶"布莱里奥Ⅱ"飞往的黎波里与阿齐齐亚之间的土耳其军队阵地上空进行航空侦察，从而揭开了飞机参战的序幕。10 月 25 日，副队长莫伊佐中尉驾驶一架"纽波特"在侦察途中发现，在艾因扎拉地区有一个庞大的阿拉伯营地。为了弄清这个营地的详细情况，莫伊佐降低飞行高度在目标上空盘旋。当时还没有专门的防空兵器，营里的士兵面对这种情况只能用来福枪对其射击。没想到，还真有几颗子弹命中飞机，机翼三处受伤。这是空战史

上飞机首次遭到地面火力杀伤。11月1日，加沃蒂少尉驾驶"鸽"式飞机升空，前往敌军上空侦察。与以往侦察不同，这次他带了4颗各重2千克的手榴弹，在飞到敌军阵地上空时，加沃蒂将手榴弹扔了出来，从而开创了空中轰炸的先例。虽然这次轰炸引起了一场口水战——土耳其指责意大利轰炸了应受保护的医院，犯下了非人道主义的罪行——不过比这更重要的是，人们已认识到飞机在未来的战争中可能具有更广泛的用途。

　　1912年1月，意大利飞行员又首创使用飞机进行宣传活动，他们向土耳其控制区空投了数千张传单，规劝当地的阿拉伯人放下武器。2月23日，队长皮亚扎上尉又在其飞机座椅上固定安置了一架照相机，进行空中照相侦察的尝试。尽管当时使用的照相机在一次飞行中只能曝一次光，拍摄一张照片，但这毕竟开创了空中侦察照相的先河。

　　1912年5月，意大利陆军又组成了第二航空队，向战区增调了35架飞机。这一次，他们开始了夜航行动。6月之前，队长马连戈上尉进行了多次夜航巡逻和侦察。6月11日凌晨，马连戈在黑暗中向土耳其军营空投了数枚炸弹，完成了空战史上首次夜间轰炸。当时的夜航设备十分简陋，只有一支固定在飞行帽上的强光手电，飞行员通过手电照射到地面的亮光辨别目标和方位。凭这种装备进行夜航，其难度可想而知。9月10日，由于飞机出现意外故障，飞行员依连塔不得不迫降到敌方阵

英国的 SE.5-A 飞机，已经装上了机枪

空中侦察和侦察飞机

　　空中侦察是用气球、飞机、卫星等在空中实施的侦察，是获取敌人纵深内情况的重要侦察手段。

　　20世纪初，飞机问世后在军事领域的第一项应用便是驾驶飞机从空中目视对方的兵力部署和运动情况，由此得到"空中间谍"的绰号。后来随着技术的发展，在飞机上装备了航摄仪、图像雷达、红外线和电子侦察等特种设备，成为专用的侦察机。现代著名侦察机中，有实用升限20000米、能在高空关闭发动机进行滑翔飞行的U-2，实用升限25000米左右能达到3倍声速的SR-71高空高速侦察机等。

第三章　战火洗礼

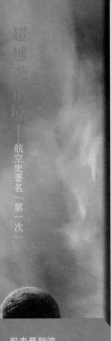

地，从而又创了空战史上飞行员第一次被俘的纪录。

1914年第一次世界大战爆发时，飞机主要任务是作为飞行观察哨，它能测定地形，观察敌方军队调动、部署情况，还能校正炮兵火力……。在战争的头几个月里，双方驾驶员甚至还恪守中世纪骑士礼仪，禁止企图伤害飞行员同行的行为，即使他是敌人。但这种局面很快就改变了。为了保护自己的军事机密，必须赶走甚至击落敌机，驱逐机应运而生。飞机很快变成破坏性的战争武器。

手枪、步枪，还有机关枪，很快被带到空中，用于与敌机作战。为了不使子弹打坏自己飞机的螺旋桨，先在桨叶叶柄上安装了钢制的偏导板，接着有人发明了机枪射击断续器、射击协调器。这些设备的出现使真正意义上的空战拉开序幕。随着空战的开始，不断改进战斗机的性能成为作战双方最为关心的事情。双方围绕飞机的飞行速度、俯冲速度、爬升率、转弯半径展开激烈的竞争，不断有新式飞机涌现。为了咬住对手的尾巴或摆脱对手的尾追，许多高难度的机动动作——翻筋斗、半滚倒转、殷麦曼滚翻……应运而生。

最早的炸弹是手榴弹，由观察员装在衣兜里，等低空飞行时扔出去。由于地面部队的扫射，低空飞行很不安全，而在较高的高度上扔出去的手榴弹在半空中就爆炸了。最初的炸弹就像是带尾翼的飞镖，被成筐地扔向地面。然后才出现真正的炸弹，再后来又出现质量较大的投放武器，

殷麦曼翻滚

殷麦曼翻滚指在第一次世界大战中由德国飞行员殷麦曼创造的半筋斗机动动作。根据当时在交战中"占有高度即获得主动"的经验，殷麦曼于1915年秋第一次成功地创造了这种动作：与对方交手时，将飞机急剧拉起，在爬高的同时，改变飞机航向并做半滚动作。这一战术既能摆脱敌机，又能获得高度优势，对敌实施再次攻击。

第一次世界大战头号王牌："红男爵"里希特霍芬

第一次世界大战中，头号王牌飞行员是德国人曼弗雷德·冯·里希特霍芬，因他使用的飞机经常全身漆成红色而被人称为"红武士"、"红男爵"。1916年9月17日，他首次参加空战。在空中格斗中，他驾驶阿尔巴特罗斯D.II飞机击落了一架英国飞机F.E2B，首开记录。到11月，他共打下10架飞机，声名鹊起。1917年6月，里希特霍芬所在的中队与另外3个中队合并，成为第一歼击机联队，他出任大队长。到1918年4月的20个月里，他总共击落敌机80架，平均每月4架，人称"天才射手"。

第一次世界大战头号王牌里希特霍芬

第一次世界大战期间的空中侦察

福克 DR.1 是一种有三层机翼的战斗机，爬升率和机动性极好，是由英国索普威斯设计的一种三翼机取得成功之后，由福克奉命为德军研制改为战斗机。该机特别适宜与敌机进行近距离格斗，成为空战中的一种优秀机种，获得了许多艺高胆大的尖子飞行员的青睐。在空战中，福克 DR.1 虽然没有大多数敌机飞得快，但凭借其良好的缠斗性能，在西部战线上空仍出尽了风头。

第三章　战火洗礼

但是，王牌也有失手的时候。1918 年 4 月 21 日，在法国东北部松姆地区上空的空战中，他终于栽了跟斗。这天，里希特霍芬率领 10 架福克 DR.1 进入法国境内，与英国 15 架执行侦察任务的歼击机遭遇。双方在空中厮杀，上下追逐，从 5000 米一直到距地面约 30 米的高度。

里希特霍芬的座机

在混战中，里希特霍芬的座机中弹坠毁，不过他到底是被交战对手英国布朗上尉击落的还是被陆军防空部队的澳大利亚籍枪手击落的，这成为空战史上的一桩悬案。

纽波特飞机

纽波特系列战斗机是第一次世界大战前半段协约国真正的空战利器，先后有纽波特-11、纽波特-17、纽波特-28等众多改型。纽波特-17型被认为最好的，于1916年5月开始服役，它首次设置了射击协调器，便于射击。行家评论这种飞机：看似弱小单薄，实则机敏强悍，速度极快，操控灵敏，爬升迅速。法国第一次世界大战的二号王牌飞行员居内梅的座机主要是纽波特。

第一次世界大战后期的飞机有了很大的进步

第一个完成"筋斗"飞行的聂斯切洛夫

聂斯切洛夫是俄国人，1887年2月27日出生在下诺夫哥罗德（后称高尔基，现称萨马拉市）。1912年他毕业于彼得堡浮空军官学校，1913年获得军事飞行员称号。他酷爱飞行事业，不断探索新的飞行方法，在世界上第一个对"全筋斗"飞行进行了计算，并于1913年8月27日首次完成了这个高难动作。所谓"筋斗"飞行是飞机在垂直平面内飞一个封闭的圆形航线，这种机动飞行动作在空战中是十分有用的。

1913年9月9日，聂斯切洛夫驾驶部队新装备的法国纽波特飞机从基辅起飞，爬升到1000米高度，关掉发动机，使飞机陡峭地俯冲下来；接着重新启动发动机，猛地拉起飞机，并且翻转机身，机腹朝上，在

俄罗斯人在诺夫格罗德建立的聂斯切洛夫纪念碑，上面的飞机是当年他完成"筋斗"飞行时驾驶的"纽波特"飞机模型

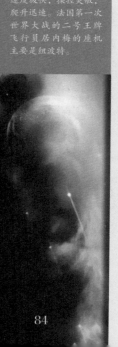

并要求飞机上有挂弹架、航空瞄准具和投放机构。因此，就需要专门设计轰炸机。

第一次世界大战后期的飞机，性能比早期飞机有了惊人的提高。这时战斗机上都安装了4挺、甚至6挺机枪。法国人从早期就开始试验口径达37毫米的大口径机炮，还使用了原始的电点火式火箭。德国人生产了专用航空机关炮，甚至还生产了多管机枪，这是现代航空武器的先驱。

在设计方面，第一次世界大战结束时，战斗机性能水平有了相当的提高：发动机功率达到150~185马力（约110.25~135.98千瓦），正常飞行速度超过160千米/小时；轰炸机有了翼展超过30米的大型飞机，早期的武器只有飞行员带的手榴弹和9千克炸弹，如今能载将近1800千克炸弹，能攻击距离较远的目标，轰炸精度大大提高。

空中飞出一个优美的"0"字；然后再俯冲，由俯冲改为缓倾的滑翔、拉平、下降着陆。这就是世界上第一次公开表演的空中"筋斗"飞行，现在称为"聂斯切洛夫筋斗"。

飞行特技表演

聂斯切洛夫首创这个动作，本以为会受到上级的嘉奖，谁知他刚走下飞机就被立即拘捕，理由是危害国家资产——他驾驶的飞机。他的上司认为，飞机在空中翻筋斗是"毫无用处的鲁莽行为"。他被罚拘役30天。聂斯切洛夫在军事航空史上还创造了第一个使用撞机战术的纪录。

聂斯切洛夫直到死后才被追认为英雄。1947年，在这位杰出的俄国飞行员牺牲的地方建起了一座尖碑，上面刻着："著名的俄国飞行员、特技飞行的创始人彼得·尼古拉耶维奇·聂斯切洛夫上尉在此英勇献身。他是世界上第一个完成空中筋斗和在空战中采用撞击战术的人。"

航空瞄准具

航空瞄准具是用来使飞机上投射的弹药命中目标的瞄准装置。航空瞄准具按作战功能分为射击瞄准具、轰炸瞄准具和头盔瞄准具。航空瞄准具可以单独实施瞄准，也可以与其他设备交联构成机载火力控制系统。航空瞄准具通常由参数测量装置、计算装置和显示装置等组成。各种瞄准具进行瞄准计算时考虑的共同因素是：目标的相对运动、空气阻力和重力对弹丸和炸弹运动的影响。

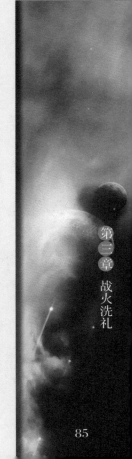

第三章 战火洗礼

空战英雄

　　从 1915 年 4 月 1 开始不到 3 周的时间内，法国飞行员罗兰·加罗斯击落 3 架德国飞机、迫降 2 架，法国一家报社将"王牌"一词送给加罗斯。加罗斯是一个争强好胜、喜爱冒险和挑战的人，战前创造过世界飞行高度纪录，完成人类航空史上首次跨地中海飞行。走上战场后，他又成为第一个在飞机上架设前置固定机枪、一举击落敌机的人。如果按照日后通行的击落 5 架敌机才可以称为王牌飞行员的话，他不是一位真正的"王牌"。但是，作为第一个被冠以"王牌"称号的飞行员，最值得称道的是他的创新精神，是他开辟了一个现代飞机空战的时代。

加罗斯

　　1888 年 12 月，罗兰·加罗斯出生在南非，十多岁时来到法国巴黎，受到当地人对新生的航空抱有极大热情的感染，决心投身航空事业。1910 年，加罗斯取得飞机驾驶执照。此后的几年里，加罗斯不断参加各种飞行竞赛，曾创造出驾驶早期飞机飞到 5610 米高度的世界纪录。1913 年 9 月 23 日，他驾驶一架飞机从法国圣·拉法埃尔起飞，长途飞行 7 小时 53 分，成功到达隔海相望的北非突尼斯，全程 730 千米，完成了人类航空史上首次跨地中海飞行。

加罗斯

　　1914 年 8 月第一次世界大战爆发，加罗斯参加了法国航空队。大战初期，他很快碰到了当时困扰着所有战斗机飞行员的大难题：在飞机上使用机枪只能向两侧射击而不能向前方射击。1915年初，加罗斯找到飞机设计师索尔尼埃，将机枪改装在座舱前的机头上方，并在螺旋桨叶上镶上了金属滑弹板！这样，子弹穿过螺旋桨的旋转面射向敌机，打中桨叶的子弹则反弹向四周。这种装置虽然有效但也十分危险，因为子弹打中桨叶的冲击力必然会在发动机上产生非对称性应变。

1915年4月1日，加罗斯靠他的"新式武器"轻松地击落了一架德机。此后不到20天，加罗斯的战果达到5架，其中2架是被他迫降到地面的。法国报纸铺天盖地地对加罗斯大加宣传，他的座机及其机枪的照片见诸报端显赫位置。有一天，一家报纸抛出一个新词"Ace"，送给加罗斯。"Ace"原是法国人用来赞誉体育大腕或表演明星的词汇，如今安到加罗斯头上，顿时令其他所有赞美之词黯然失色，从此便约定俗成地成为对空战英雄的荣誉称谓。这个词在中文里就叫"王牌飞行员"。不久，世界各国都以击落5架敌机作为获得"王牌"称号的最低标准。

加罗斯没有想到，他的辉煌才刚刚开始，很快便戛然而止。更始料不及的是，他和他的革命性武器日后竟引发了一场令他的同胞们抱头鼠窜的巨大灾难。1915年4月18日，加罗斯照例在德军阵地上空飞行。很不幸，飞机在3000米左右的空中中弹导致发动机熄火。加罗斯本想滑翔飞回自己领空后迫降，可是一阵大风把他的飞机吹到德军防线内。飞机倒是安然着陆了，可一群德国士兵围上来，把他抓了起来。当德国人得知，被俘飞行员就是大名鼎鼎的加罗斯时，如获至宝。加罗斯在降

德国福克E III 战斗机

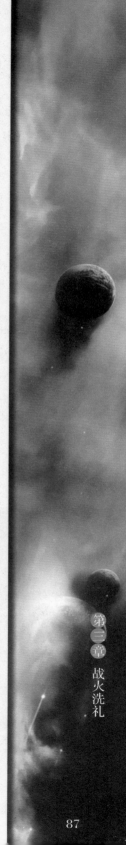

落时没有来得及毁坏他的滑弹板系统。德国人知道这个装置的价值,把整个机头送到在德国工作的荷兰飞机设计师福克那里。

不久,福克就为德国制造出一种 E I 型的改进单翼机,机上装有机枪射击协调器。使用这种飞机后,德国在空战中重新夺回空中优势,从 1915 年下半年开始,足足好几个月时间,英、法空军被打得狼狈不堪,简直抬不起头来。后来,人们把这段往事称作"福克灾难"。

德国人用加罗斯锻造的利剑杀了个回马枪,把对手刺得遍体鳞伤,这一意想不到的后果令加罗斯羞恼万分。在德国战俘营度过的几年里,他一直被一种悔恨痛楚的悲哀所笼罩。战争结束前的几个月,他终于找机会逃出了集中营,辗转回到法国,立刻驾机重上蓝天,准备一洗自己蒙受的耻辱。但事与愿违,他栽在一位不知名的德军飞行员手下。他毕竟远离空战太久了,飞机的性能和空战战术在这 3 年中有了突飞猛进的发展,已把他远远抛在后面。在最新式的战术面前,"老英雄"简直不堪一击。

加罗斯牺牲的那天是 1918 年 10 月 5 日,他正要进入而立之年,却过早地陨落了。

机枪射击协调器

机枪射击断续器是由荷兰籍设计师安东尼·福克设计的,安装在早期螺旋桨战斗机上。工作原理是:在机械联动装置的末端有一个凸轮,当桨叶即将转到枪口前面时,凸轮受到螺旋桨突出部的撞击,使机枪暂停击发;当桨叶通过枪口时,凸轮回到原来位置,机枪继续射击。有了这种装置,战斗机的机枪可以在螺旋桨后方向前射击而不会打到自己的桨叶。

福克灾难

1915 年,福克公司推出的新型福克 E 系列战斗机在第一次世界大战中显示出强大威力,因此被形容为"福克灾难"。1916 年春,福克灾难达到顶峰,英国飞行员哀叹:"在福克飞机面前,我们的飞机简直没有任何机会。"为了重新夺回制空权,英、法加紧研制新飞机,直到 1916 年 5 月,英国索普维斯和法国斯帕德公司共同研制的新型战斗机投入使用,"福克灾难"才最终被遏制。

产生"王牌"飞行员最多的飞机

产生"王牌"飞行员最多的飞机是第二次世界大战期间德国使用的 Me 109 战斗机(亦称 Bf109)。第二次世界大战中,德国空军击落对方飞机最多的前三名飞行员的"坐骑"都是 Me 109,他们是:埃里希·哈特曼(击落 352 架)、格哈

德国梅塞施密特 Me 109 战斗机

德·巴克霍恩(击落 301 架)、京特·拉尔(击落 275 架)。据统计,在整个第二次世界大战中,德国空军总战果中有一半以上是 Me 109 取得的,难怪有人称这种飞机是"德国王牌飞行员的摇篮"。

第一次世界大战开始时的比利时空军只有37名飞行员，这是其中的4位，旁边的飞机是法国设计的"法尔芒"HF 20双翼机

可收放起落架

　　早期低速飞机的起落架是固定的，随着飞行速度的提高，固定式起落架成为阻力的重要来源，由此而诞生了可以收放的起落架：飞行中就将起落架收到机翼或机身内，以获得良好的气动性能，飞机着陆时再将起落架放下来。

　　Me 109是德国梅塞施密特公司研制的，原型机于1935年9月首次试飞。与以往德国战斗机相比，它采用了两项全新设计：一是无支撑下单翼，二是可收放起落架。该机采用全金属结构，下单翼，单座，装一台戴姆勒·奔驰公司DB 601活塞发动机，功率820千瓦，驱动一副三叶螺旋桨。采用后三点起落架，主起落架可收到机翼里。机体纤秀轻巧，长8.8米，翼展9.8米，高3.6米，起飞质量2605千克。飞机的装甲厚、火力强、速度快、加速俯冲性好。

　　Me 109从1936年开始投产，生产延续到1945年，总产量约35000架，是世界航空史上为数不多的飞机高产大户之一。

和Me 109交手的英国"飓风"战斗机

第三章　战火洗礼

星光灿烂

第一次世界大战时向民众普及战机知识的游戏卡

中国"王牌"飞行员

在我国艰苦卓绝的八年抗战中，并不强大的中国空军同穷凶极恶的日本侵略者展开了殊死的搏斗，涌现出了一大批"蓝天雄鹰"，其中国民政府正式承认的空战"王牌"共12人：柳哲生、刘粹刚、陈瑞钿、毛瀛初、周志开、王光复、高又新、黄新瑞、乐以琴、臧锡兰、谭鲲、罗英德。其他知名的还有：中国空军"四大天王"中的高志航、梁添成，击落日军"轰炸之王"奥田大佐的邓从凯，以及李桂丹、岑泽鎏、周灵虚、陈其光、周廷芳、董明

中国空军"四大天王"之一的高志航

第一次世界大战是产生"王牌"的第一个高峰期。自加罗斯之后，参战双方都产生了一大批战功赫赫的"王牌"飞行员。德国击落 40 架以上的有 12 人，击落数量最多的是里希特霍芬，击落 80 架，这也是当时的世界最高纪录；法国击落 20 架以上的有 14 人，击落数量最多的是勒内·丰克，击落 75 架；英国击落 40 架以上的有 14 人，击落数量最多的是 E·曼诺克，击落 73 架；美国击落 10 架以上的有 9 人，击落数量最多的是埃德·里肯巴克，击落 26 架。

据统计，在第一次世界大战中，法国共有 1500 多名战斗机飞行员参战，共击落敌机 2049 架，其中 908 架是被 52 名"王牌"击落的，也就是说，占飞行员总数不足 4% 的人包揽了总战绩中的 40%。整个协约国击落的 3138 架德机中，2023 架是协约国 105 名"王牌"飞行员的功劳。"王牌"不愧是以一当十、以一当百的军中顶梁柱，难怪各国都致力于培养和造就自己的"王牌"。

德、黄泮扬、黄莺、唐信光、龚业梯、徐吉骧、郑少愚、黄荣发、陈怀民、雷均炎、巴清正等等。他们都以血肉之躯填补国家破损的空中屏障，他们以英雄壮举高筑民族不屈的丰碑，值得国人永远缅怀。

米格-15 战斗机

新中国成立后，人们把捍卫国家天空安全与宁静的重任，托付于刚刚成立的人民空军。朝鲜战争爆发后，诞生不足一岁、从没有战斗经历的人民空军，毅然走上抗美援朝、保家卫国的空中战场。在抗美援朝空战中有 7 人（赵宝桐、刘玉堤、孙生禄、蒋道平、范万章、鲁珉、韩德彩）达到击落敌机 5 架或以上，但没有采用"王牌飞行员"的称号。

第三章 战火洗礼

海空联姻

在西方国家，海军的历史比空军悠久得多，海军对任何新生事物是否能用于海上作战都格外关心。1908年，莱特兄弟为美国陆军专门制造了一架军用飞机，9月在迈尔堡进行表演，海军也派了两名观察员前往参观。随后两年里，尤金·伊利作为一名志愿者，驾驶飞机从"伯明翰"号上起飞和在"宾夕法尼亚"号上两次成功降落的试验，是美国海军航空兵发展史上的一个里程碑，它证明了飞机完全可以从军舰上起飞，也可以安全地降落在军舰上，这奠定了航空母舰作为一种新型战舰"出生"的基础。

惊险起飞

20世纪最初几年，德国《世界报》的一则新闻引起了美国的关注：德国的汉堡—美国邮轮公司打算让一架飞机从轮船上起飞，以加快邮件的传递速度。美国一向以海洋作为抵御外来攻击的天然屏障。对于可能来自海上的威胁，美国人十分敏感，他们怀疑德国让飞机从邮轮上起飞的试验是在演习一种越洋攻击美国本土的特殊的新战术。

尤金·伊利

1910年9月，美国海军任命钱伯斯组织评价小组，负责从海军作战的观点评价航空技术的发展，其首要任务之一是证实飞机能从军舰上起飞和降落。1908年参观过莱特兄弟飞行表演的军舰监造官麦肯迪也是小组成员之一。

面对德国邮轮即将进行的试验，美国不甘落后，双方展开了激烈的竞争。1910年11月，美国海军决定用"伯明翰"号巡洋舰作试验，但

飞机还没有落实。麦
肯迪建议到当时正在
某地举行的航空集会
上去找莱特兄弟，但
因为去晚了而没有见
到。于是，他们急忙
发电报四处求援。在
一个偶然的机会，钱
伯斯遇到尤金·伊利。
24 岁的伊利当时是新
成立的寇蒂斯展览公

伊利 1910 年驾驶寇蒂斯水上飞机

司的民间飞行员。伊利当飞行员已有一年半的时间，尽管他从来没有驾
驶飞机从军舰上起飞过，但他同意自愿帮忙。钱伯斯把试飞时间定在 11
月 19 日。

为了与德国竞争，钱伯斯力争试飞提前进行。经过紧张的工作，准
备工作提前到 11 月 14 日就绪。这一天，天气不好，巡洋舰无法出港。
原打算飞机在巡洋舰以 32 千米 / 小时的速度行进时起飞，用以增加飞机
的升力，但急性子的伊利等不及了。在巡洋舰尚未启动的情况下，就开
动了发动机，随着螺旋桨转速加快，飞机开始滑行，很快滑到甲板上临
时铺筑的近 25 米长的跑道的尽头。伊利驾驶着一架名叫"金鸟"的寇

飞机从"伯明翰"号巡洋舰勉强起飞

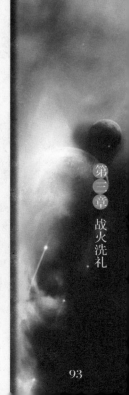

第三章 战火洗礼

蒂斯飞机一头冲出了甲板。由于飞机滑跑距离太短，未能达到应有的起飞速度，飞机的高度掉得很快，机头几乎扎向海面。一场机毁人亡的惨剧似乎是不可避免了。然而，就在飞机马上要扎进海里的瞬间，伊利巧妙地操纵飞机，终于在最后一刻把飞机拉了起来，他贴着海面飞行，把飞机安全地降落在 41 千米以外的地方。人们热烈地鼓掌，祝贺飞机第一次从军舰上起飞成功。降落之后，伊利发现，螺旋桨叶片已损坏，飞机能重新拉起来实属幸运。经过这次试验，钱伯斯和伊利不仅为美国海军赢得了飞机第一次舰上起飞的荣誉，更重要的是找到了扩大飞机应用的途径。

从容降落

飞机舰上起飞成功并没有让海军匆忙做出购置飞机的决定，海军还要做飞机舰上降落的试验。这是充分证明飞机在海上应用潜力所必需的。着陆试验使用了更大的"宾夕法尼亚"号巡洋舰。在尾部甲板上建了一条 36.58 米长、9.75 米宽的木跑道，两侧修了 0.3 米高的栏杆，栏杆间拉了 22 道绳索，绳索两端均挂着 23 千克重的沙袋。这次使用的是寇蒂斯 D-IV 型飞机，飞机下安了 6 个钩子，用于舰上着陆时钩住横在跑道上的绳子，借以降低着陆速度。

伊利驾驶飞机在"宾夕法尼亚"号上降落

1911 年 1 月 18 日，伊利驾驶飞机从旧金山起飞，飞到巡洋舰上空后，绕舰飞了几圈就接近军舰上的跑道，然后关掉发动机，高度下降，抓住了第11道及其以后的各道拦阻索，把沙袋拉向中间，飞机就停了下来，成功地在军舰上着陆。接着飞机又从该舰上起飞，回到机场。这次降落和起飞为航空母舰的诞生铺平了道路。

1911年3月4日，美国国会向海军拨款2.5万美元，用于发展海军航空。海军用其中的一部分钱买了3架飞机。1912年11月，其中一架飞机成功完成了从舰上弹射起飞，为航空母舰的诞生又迈出了积极的一步。

遗憾的是，为美国海军航空做出重大贡献的伊利并没有看到这一切。1911年10月，他在一次意外事故中不幸丧生。对伊利的那次重要飞行，美国海军除了给过他一封感谢信外，竟然没有任何报酬，从而遭到许多航空爱好者的谴责。事后只有一个民间性质的基金会给了他500美元。直到25年之后，伊利的杰出贡献才得到应有的承认：美国国会向伊利追授一枚飞行优异十字勋章。

伊利对美国海上航空做出的贡献尽管有些偶然，但他毕竟具备了取得这一业绩的基本条件，凭借他特技飞行的过人技巧，使得第一次舰上起飞和着陆都获得圆满成功。我们必须承认：机遇垂青真正有本事的人。

"水上飞机大王"寇蒂斯

格伦·寇蒂斯是和莱特兄弟同时代的美国航空先驱、飞行家、著名飞机设计师，1878年5月出生，年轻时从事自行车和摩托车制造工作。1909年8月，在法国兰斯举行的飞行竞技会上，寇蒂斯驾驶No.1双翼飞机取得飞行速度冠军。寇蒂斯对早期航空最大的贡献是把飞机中部的浮筒进一步放大，形成了船形机身，船身式水上飞机就此诞生，并很快取代浮筒式水上飞机，成为主流机种。

寇蒂斯早期研制的水上飞机

第三章 战火洗礼

中国第一艘"辽宁"号航空母舰和第一架歼15"飞鲨"舰载机

中国第一艘"辽宁"号航空母舰（简称"辽宁舰"）

2012年9月25日，初秋的大连港，阳光和煦，波平浪静。停泊在码头的一艘大船挂满彩旗，舰上官兵精神抖擞，分区列队。10时许，交接入列仪式在雄壮的国歌声中开始。时任国家主席的胡锦涛向海军接舰部队授予军旗和命名证书，时任国务院总理的温家宝宣读了党中央、国务院、中央军委的贺电。这就是被命名为"辽宁舰"的我国第一艘航空母舰。由此我国成为世界第10个现役航空母舰拥有国，也是最后一个拥有航母的联合国安理会常任理事国。

"辽宁舰"是我国海军第一艘可以搭载固定翼飞机的航空母舰，是在苏联海军"库兹涅佐夫元帅级"航母的第二艘——"瓦良格"号航母的基础上发展而来的。1998年，中国从乌克兰买下只完成60%建造工程的"瓦良格"号，经过一番周折于2003年3月4日抵达大连港，后由中国大连造船厂完成后续建造。

该舰舰长304米，舰宽70.5米，满载排水量67500吨。从底层到甲板共有10层，甲板上的岛式建筑也有9层之多。舰首使用滑跃式起飞甲板，舰艇中部设有飞机降落阻拦索和应急阻拦网。

歼15在航空母舰上降落

歼15"飞鲨"为重型舰载战斗机，是中国沈阳飞机工业集团以乌克兰一架苏-33战斗机原型机T-10K-3为基础研制生产的。该机融合了歼11B的技术，装配鸭翼、折叠式机翼，机尾有着舰尾钩等舰载机特征，起落架强度高。

"辽宁舰"正式交付海军后，歼15已经多次随舰出海完成各种训练任务，有力地回击了国外有关"辽宁舰入列后，歼15至少一年半才能完成舰上应用"的言论。

世界各国现役航空母舰汇总

据统计，目前全世界只有10个国家拥有航空母舰（简称航母），共有22艘，拥有航母数量最多的是美国，算上2013年10月11日下水的"福特"号，美国共有11艘航母，其他10艘是"尼米兹"号、"艾森豪威尔"号、"卡尔文森"号、"罗斯福"

俄罗斯"库兹涅佐夫"号航空母舰

号、"林肯"号、"华盛顿"号、"斯坦尼斯"号、"杜鲁门"号、"里根"号、"布什"号。其他国家情况是：意大利有2艘，"加富尔"号和"加里波底"号；中国有1艘，"辽宁"号；英国有1艘，"卓越"

"卡尔·文森"号航空母舰

号；法国有1艘，"戴高乐"号；印度算上2013年11月16日交付的"维克拉玛蒂亚"号共有2艘，另一艘是"维拉特"号；俄罗斯有1艘，"库兹涅佐夫"号；西班牙有1艘，"阿斯图里亚斯亲王"号；泰国有1艘，"差克里·纳吕贝特"号；巴西有1艘，"圣保罗"号。

"尼米兹"号航空母舰

"尼米兹"号航空母舰是美国海军所使用的多用途核动力超级航空母舰，以第二次世界大战太平洋舰队司令切斯特·威廉·尼米兹的名字命名，均由位于弗吉尼亚州纽波特的纽波特纽斯造船及船坞公司建造。自首舰1975年正式启用以来，一共建造了10艘同型舰，为世界上吨位最大和综合作战能力最强的现役军用舰只。每条舰能搭载近80架不同的飞机和直升机，装备4座升降机、4台蒸汽弹射器和4条拦阻索，理论上可以每30秒弹射出一架作战飞机。

第三章 战火洗礼

97

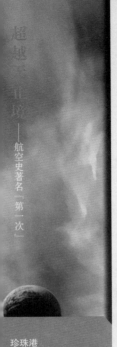

轰炸东京

日本偷袭珍珠港，美国太平洋舰队损失惨重。然而仅仅几个月后，一支从美国海军航空母舰上起飞的陆军航空队飞机就成功空袭了东京……

海陆联手

1941年12月，日本对美国太平洋舰队的主要基地——夏威夷群岛中的珍珠港发动突然袭击，在美国人没有准备的情况下，两个小时内8艘战舰中5艘被击沉，约200架飞机被

日本偷袭珍珠港

击毁，2300多名陆海军士兵和平民被炸死。第二天，美国对日宣战。罗斯福总统把日本偷袭珍珠港称为"一个永志不忘的奇耻大辱"。随后不久，日军又相继攻占美国在太平洋的属地关岛、威克岛，还占领了菲律宾首都马尼拉。

一连串的军事失利，使美国举国上下人心沮丧。为了改变这种局面，美国开始制定一项对日本本土进行空袭的报复计划。为了实施"轰炸东京"的行动，首先需要选一种具有足够航程的轰炸机。当时美国陆军航空队（1947年才组建独立的空军）基地距日本都太远，只有使用航空母舰才有可能接近日本本土。鉴于日本雷达巡逻艇在距日本本土800千米的海面巡逻，因此飞机必须从880千米以外活动的航空母舰上起飞。往返航程需1760千米，当时美国舰载飞机的航程都达不到这一距离。况且，

航空母舰为了免遭日本攻击，也不可能总在原地等待。想来想去，唯一的办法只有采用陆军航空队的轰炸机从航空母舰上起飞，轰炸后飞往中国东海岸着陆，这样航程需要 3200 千米以上。结果在候选的几种飞机中，只有 B-25B 勉强能满足要求。

B-25 是北美航空公司 1938 年设计的一种上单翼、双垂尾、双发中型轰炸机。经过一系列设计改进之后，军方于 1939 年 9 月签订了采购

北美航空公司生产的 B-25 轰炸机

合同。B-25B 于 1940 年 8 月 19 日首次试飞，最大速度达到 515 千米／小时，能带 1080 千克炸弹。当美国参加第二次世界大战时，一些 B-25 已在服役。各型 B-25 共生产了 9984 架，杜立特他们使用的 B-25B 型只生产了 119 架。

B-25B 在带 4 枚 227 千克炸弹时航程能达到 3800 千米，可满足"轰炸东京"任务需要 3200 千米航程的要求。困难的是，航空母舰的飞行甲板全长不过 150 米，从未上过舰的轰炸机在这样短的跑道上满载起飞是十分困难而危险的。

旗开得胜

杜立特由于飞行技术高超被选中领导执行这项任务。他选择了 24 个机组，并对飞机进行改装，与此同时，从 3 月初开始先在地面上练习用 150 米跑道起飞的技术。由于选用的"大黄蜂"号航空母舰装不下 24 架 B-25，最后只挑了 16 架。4 月 1 日，16 架飞机及机组人员

詹姆斯·杜立特

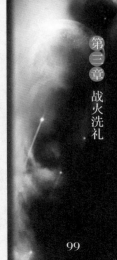

第三章 战火洗礼

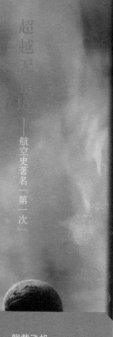
登上航空母舰，第二天从加利福尼亚出发。他们原准备行驶到距日本海岸线640千米的地方起飞，但是，当他们到达距日本1300千米的海域时，就被日本的一艘巡逻艇发现了。航空母舰不能继续前进，舰载飞机起飞时间也不能再延误了，否则整个行动有失败的危险。杜立特和陪同接应

B-25停放在海军"大黄蜂"号航空母舰上

舰载飞机

舰载飞机是以航空母舰或舰船为起降基地的军用飞机，按用途可分为舰载歼击机、舰载强击机、舰载反潜机、舰载侦察机和预警机等。它们的主要任务是为舰队护航，夺取海上或海岸制空权、制海权，攻击敌方舰队和陆上目标，支援登陆和抗登陆作战等。由于使用环境不同，与一般岸基飞机相比，舰载飞机在飞机的结构强度、起飞着舰设备、抗海水腐蚀等方面有许多特殊要求。

的哈尔西海军上将商量之后，决定提前起飞。

4月18日8时18分，杜立特第一个起飞，由于技术熟练，他的飞机离开甲板升空时还留下30米跑道没有用上。他的成功，对大家无疑是极大的鼓励。到9时21分，其余15架飞机也全部起飞成功。飞机起飞后，没有在航空母舰上空盘旋，等待编队，而是采用单机跟进的纵队，每架飞机独立行动，到达目的地投完弹就返回。

驾驶头架飞机的1号机组，飞行员就是杜立特（左2），其他还有副驾驶、
领航员、轰炸员和飞行工程师兼射击员

日本方面虽然得到巡逻艇发现美国航空母舰的报告，但他们根据美国舰载飞机的性能测算，认为美国飞机19日才能到达日本，因此他们事先准备好的大批飞机没有升空拦截。杜立特他们的飞机超低空进入日本领空，12时30分开始分别在东京、横滨、名古屋，大阪、神户等地投下炸弹。那天上午东京恰好举行防空演习，看到头上飞过的飞机多数市民还以为是防空演习的尾声。

艰难回家路

　　在日本本土投炸弹的目的顺利实现了，但返回基地时遇到了麻烦，每个机组都有一番惊险的经历。由于飞机提前起飞，使实际航程加大，这样给返航留下的燃油就更加紧张。16架飞机中，除1架（8号机）降落在苏联西伯利亚外，15架按预定计划飞往中国浙江衢州，当它们接近到达预定地点上空时，

一个机组的4名成员得到中国百姓的救援

夜幕已经降临，燃油接近用完，天气情况越来越坏，飞行员主要依靠仪表努力寻找前往浙江衢州机场的航路。他们已经在空中滞留了15个小时，筋疲力尽。由于机场没有自动引导装置，也没有按事先约定准备好着陆指示灯光，最终机组人员只能弃机跳伞或迫降。15架飞机中有11个机组弃机跳伞、4架迫降在地面或海上，全部75名机组人员中有2人在迫降中牺牲、1人跳伞后受伤致死，还有8个人被日军俘获，其余64人在中国军民的救援下，辗转汉阳、重庆，最后返回美国。

　　为救助美国飞行员，中国老百姓遭受日军的残酷迫害，付出了血的代价。据《衢县县志》记载，4月19日后的近一个月内，日军飞机空袭机场59次，投弹1341枚。5月18日，日军分五路向浙赣线发起全面进攻。当时，日军甚至调来731部队发动细菌战。鼠疫、霍乱横行，衢州军民染病者超过30万，病死者超过5万。浙赣一役后，衢州军民死伤25万，血痕累累。"飞虎队"陈纳德将军在他的回忆录中记载了日军1942年5月15日到8月中旬在浙赣战役中的暴行："美国飞机经过村庄的全村

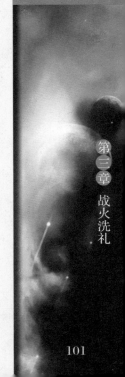

第三章　战火洗礼

101

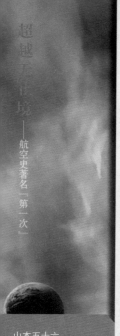

村民，不分老小，全部杀光，房子全部烧掉……25万中国士兵和平民死于这场三个月的战役中。"

70多年来，每年4月18日，美国人都会举办纪念活动，也会想起当年中国人民为救助美国飞行员做出的奉献。1992年4月18日，在"杜立特行动50周年"纪念会上，时任美国总统的乔治·布什对这段历史做出了高度评价："在突袭以后，那些善良的中国人不顾自己的安危，为我们的飞行员提供掩护，并为他们疗伤。在具有特殊意义的时刻，我们也向他们表示崇高的敬意，感谢他们做出的人道主义努力，是他们的帮助才使我们的飞行员能够安全返回。杜立特行动虽然已经过去半个世纪了，但这些英雄们一直受到美国人民的敬仰和尊重。我们永远不会忘记他们做出的伟大功勋，也永远不会忘记为自由和正义事业做出贡献的中国人。"

彪炳史册

这次作战行动尽管在物质上没有给日本造成很大的损失，而且16架B-25无一安全返回，却具有很大的战略意义。首先，这是美国对日本本土的第一次攻击，使美国军民士气得到鼓舞。空袭的成功向美国人民证明，日本并非不可接近，它是可以战胜的。在东京，这次空袭却大大震动了日本朝野，日本本土再也不是当局声称的固若金汤的乐土了。东京在被轰炸的第二天，就有500架战机从太平洋战场返回日本列岛保卫本土领空，从而牵制了日本南下扩张的兵力。同一天，海军大将山本

山本五十六

山本五十六（1884—1943年），日本海军大将，太平洋战争的主要策划者和组织者。在他的精心谋划下，日本于1941年12月7日偷袭珍珠港，给美国带来巨大损失。第二天，美国总统罗斯福签署了对日宣战的声明。1943年4月18日，山本及其一行在飞往前线视察途中遭遇美军飞机拦截坠机身亡，结束了其"战争赌徒"的一生。

存世不多的B-25成了各种航空集会的常客

2012年4月18日，纪念杜立特空袭东京70周年的活动在美国空军博物馆举行。当时在世的5名空袭队员中有4人到场，他们最小的90岁，最大的已经96岁了

五十六公开向天皇谢罪。

杜立特和他的团队成了美国人心目中的英雄，哈尔西海军上将称轰炸东京是"历史上最勇敢的行动"。航空队司令阿诺德后来回忆说："挑选杜立特领导这次差不多自杀的使命是很自然的……他无所畏惧，技术出众，不仅能让人放心地去完成一件在人力所及范围内可行的任务，而且能将自己的精神传授给他人。"在空袭东京后的授勋仪式上，马歇尔将军亲自宣读总统嘉奖令："美国陆军准将詹姆斯·杜立特，超越职责的召唤，表现出出类拔萃的领导艺术，冒了极大的生命危险，英勇果敢。尽管很明显必定会被迫降落于敌人领土或坠落于海上，杜立特将军仍亲率由志愿机组人员配置的陆军轰炸机队，对日本本土进行了一次高度摧毁性的突击。"

中国空军"纸片轰炸"

1938年5月19日夜间，中国空军出动两架美国马丁公司139WC（B-10的外销型）轰炸机，分别由徐焕升和佟彦博两个机组驾驶，远征日本本土，投下100多万份传单，对日本侵略者发出了严正警告："尔再不训，则百万传单将一变而为千吨炸弹。尔再戒之。"这是日本有史以来第一次被外国飞机轰炸袭击，也是世界航空作战史上绝无仅有的"纸片轰炸"。徐焕升1944年入选美国《生活》杂志评选的12位世界著名飞行员之列，被誉为"先于美国杜立特轰炸日本本土的第一人"。

参加"纸片轰炸"的机组

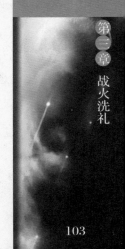

第二章 战火洗礼

103

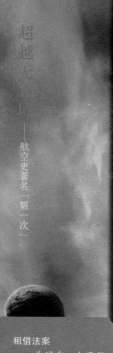

飞越驼峰

驼峰航线是世界上地形最险恶、气候条件最恶劣的一条航线，空运量最初一个月不到30吨，到1944年11月达到近35000吨的纪录，所运载的物资量超过了人类自从开辟航空运输以来任何航线所运载的物资量。

英雄的"飞虎队"

第二次世界大战期间，美国人陈纳德领导的"飞虎队"和后来的第14航空队在协助中国军民抗击日本侵略者的斗争中所做出的贡献在中国家喻户晓，但是很少有人知道要维持这支部队的给养需要付出多大的努力。他们所需的油料、弹药、日常军需品都要从外部提供，补给线的起点在美国，先经2.2万多千米运到印度西部口岸卡拉奇和孟买，再由陆路运到印度东部的阿萨姆，最后才能经过"驼峰航线"空运到陈纳德部队设在云南的基地。陈纳德赞誉这最后一段空

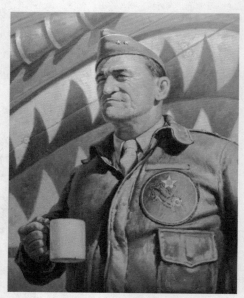

陈纳德

中运输是"这场战争中一首伟大的史诗"。

1942年2月，美国总统罗斯福在给马歇尔的信中指出："保持通往中国的通道实属刻不容缓。"虽然刚开始时，美国政府曾有人对空运的信心不足，流露出消极悲观情绪，但美国总统罗斯福出于战略利益的大目标，坚持要开通这条航空运输线。5月初，他重申：通往中国的通道，

无论有什么困难，必须保持。

要讲驼峰空运，还一定会涉及另一个和它息息相关的人和单位——陈纳德将军和美国第14航空队。陈纳德最初是以私人顾问的身份来中国帮助建设空军的，但随着形势的变化，美国罗斯福总统对日本的政策亦渐趋强硬，他赞成陈纳德为中国组建空军。首先根据《租借法案》为中国提供一百架P-40战斗机，同时又准许美军退役或预备役人员到中国参加志愿队对日作战。1941年8月1日，"中国空军美国志愿大队"正式成立，由陈纳德任大队指挥官。在1941年夏天至1942年5月期间，志愿队的三个战斗机中队多次和来袭的日军作战，经常取得胜利，令中国军民士气大增，被称为"飞虎队"。此时陈纳德恢复了美军现役，并晋升为准将。1942年7月，中国空军美国志愿大队解散，飞机及人员最后并入驻华的美国陆军第14航空队，陈纳德出任第14航空队少将司令。抗战期间，第14航空队以500架飞机的代价击毁超过2500架日机，同时还击还沉为数不少的商船和军舰，为中国抗日战争的胜利作出了重要贡献。

英雄的补给钱

第一次紧急空运任务是在1942年4月9日进行的，美国陆军驻印度第10航空队与泛美航空公司非洲分公司签订合同，由后者空运30000加仑（约1135550升）汽油和500加仑（约1892.5升）滑油，供杜立特空袭东京后返回中国东南沿海的B-25轰炸机加油使用。这次空运可以看作是后来持续进行了3年半的空运行动的前奏，所运的物资被列为"绝密"和"特别急件"，足以证明这条航线对美国战略的极端重要性。

在印度东北部的阿萨姆邦和中国云南昆明之间开辟的这条转运战略物资的空中通道，全长800千米，地势海拔均在4500~5500米，最高海拔达7000米，其间横亘着连绵起伏的群山，犹如骆驼的峰背，故而得名"驼峰航线"。

这条航线的飞行条件十分恶劣，多雨，常有雷暴和强烈的升降气流，沿途地形复杂，崇山峻岭，急流峡谷，几乎没有备降场，而且活塞式飞机的飞行高度有限，同时还有日本战斗机的拦截，没有自卫能力的运输机很难摆脱。

在夏天，季风、暴雨和乌云呈黑色的凝固体敲打着飞机机身，就像打在飞鸟的羽毛上，强烈而不稳定的气流会使飞机不停地打转，高度表上的指针显示下降速度甚至会到450米／分钟，飞行员只能竭尽全力控

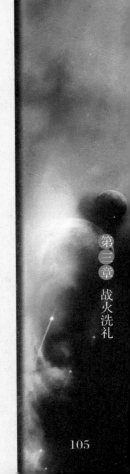

第三章 战火洗礼

105

制飞机；在冬天，发动机铝蒙皮温度会降到零下40摄氏度，有时机翼上结冰的速度十分惊人，飞行不到5分钟，就有可能因冰块太重而超过飞机的承受能力，使飞机像巨大的石块一样从天上掉进丛林中。

在崇山峻岭中飞行

驼峰空运是1942年5月正式开通的。开始时运输量很小，一个月还不到30吨，后来逐渐增加。1944年初，驼峰航线的物资运输吨位比开始时提高了两倍，罗斯福总统破例给空运总队以嘉奖，因为这样的嘉奖此前无一例外都只是颁发给前线战斗部队。1944年11月达到近35000吨的纪录，空中运输能力远远超过滇缅公路每月4000吨的运输量。

空运最初使用改装的载重量只有3吨的DC-3、C-39和C-53以及

C-87

军民一体用人力建设机场（飞机中左为 C-46、右为 C-47）

军用 C-47 飞机，这些飞机的设计飞行高度只有 3600 米，但在驼峰航线上要飞到 5100~5400 米。1942 年 12 月增加了 C-87（由 B-24 轰炸机改装而成），1943 年 4 月增加了 C-46，载重量都有 7 吨左右，使运输量大幅提高。C-87 以及它的运油改型机 C-109 是增压的四发飞机，飞得更高、更快，但是载货量不及 C-46。使用 C-87 的麻烦是在高空飞行时很容易结冰，还有就是零部件供应困难，其 4 台发动机维护起来很困难。C-46 是大型增压双发飞机，比 C-47 飞得快、飞得高、载货量大。这种飞机几乎从美国工厂的生产线一下来就来到印度投入驼峰航线，所以没有时间进行例行的试验飞行以及建立有经验的飞行人员和零部件的档案。历史上没有任何其他型号的飞机在这样的情况下投入使用。C-46 受到了印度和驼峰航线上所有恶劣气候条件的严重影响：灰尘，高温，在比设计要求飞得还要高的条件下超载、爬坡、抗风暴等等。1944 年秋天，载重 9 吨的 C-54 四发运输机加入空运行动，该机驻在印度加尔各答地区，从南面穿越驼峰，可以省去先把物资用火车运到阿萨姆邦再空运的麻烦，使效率进一步提高。

　　1945 年 7 月，驼峰航线一个月的空运量达到最高峰——77306 吨，当时美国陆军空运司令部（ATC）有 622 架飞机，34000 名美国军人和 34000 名平民为其提供各种支援。从 1942 年 5 月驼峰航线开通至 1945 年 9 月结束，参与驼峰空运的飞机往返于印度至中国云南、四川，共飞行约 150 万小时，空运各种物资 65 万吨，运送人员 33477 人。空运物资的种类繁多，由印度运往中国的物资主要是进口的航空武器装备、器材、航空油料、陆军武器装备、汽车零件、医疗器械、药品、机器设备、

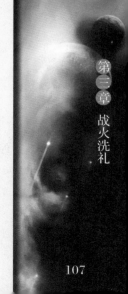

中国航空公司
　　中国航空公司（CNAC）筹办于 20 世纪 20 年代末，是一家中美合资企业。1929 年开始运营，陆续开辟沪蓉、沪粤、沪平三条航线，至 1945 年航线增加到 8 条。抗战期间，中航以少量飞机开辟驼峰航线并坚持运营，1942 年 4 月至 1945 年 9 月期间，飞越驼峰 8 万次以上，载运了 5 万吨货物到中国，运出将近 2.5 万吨货物，成为驼峰空运的重要力量。

第三章　战火洗礼

飞机残骸

飞机残骸是飞机坠毁后留下的大小残片。抗战期间，中美两国在"驼峰航线"损失飞机数百架，近年偶有被发现的，其中最有名的是中航53号飞机残骸。1942年6月，中航飞行员陈文宽驾驶53号飞机勘察驼峰航线，成为飞越驼峰航线的第一个中国机长。2010年9月19日，移居美国的陈文宽老先生率代表团来到边陲小镇片马，他一定要亲自观看自己驾驶的中航53号飞机的残骸。这架飞机的机型是第二次世界大战中最著名的C-53型，从1943年该机坠毁到1996年残骸被发现又经过了53年。

近年来在沿着驼峰航线的深山密林里仍会发现飞机残骸

布匹、军服、印刷材料、钞票等，由中国运往印度的出口物资主要有：钨砂、锡、水银、生丝等。

飞越驼峰航线所运载的物资量，超过人类自从开辟航空运输以来任何航线所运载的物资量，同时也是世界上山峰最险恶、气候条件最恶劣的一条航线。当然，为了开辟和保持这条航线所付出的代价也是十分巨大的。据美国官方统计，从1942年5月至1945年9月这3年零5个月的时间里，共损失各型运输机514架，占其参加空运的全部飞机的50%以上，平均每月损失飞机13架。其中美军印中空运联队损失飞机468架，中国航空公司损失飞机46架。468个美国机组和46个中国机组牺牲共计超过1500人。烈士们为了赢得反法西斯战争的胜利而长眠在世界屋脊下面的幽谷中，用生命谱写了中美两国人民的战斗友谊。在800千米长、80千米宽的航线地带，飞机残骸散落在陡峭的山岭上，在阳光照耀下形成一条闪闪发光的"铝谷"，飞行员甚至可以利用它来导航。

中国政府为"飞虎队"人员发放的"一体救护巾"

这里要特别强调的是，中国政府与美国泛美航空公司合资的中国航空公司（后面简称"中航"）为驼峰空运做出了重大贡献。早在1941年12月中航就进行了飞越驼峰的勘测。日军切断滇缅公路以后，中国

柏林空运

"柏林空运"是由于第二次世界大战后美、苏两个超级大国的矛盾加剧而引起的。美国凭借经济实力先拉拢西欧，进而瓦解东欧与苏联的结盟；而苏联想把西柏林这根"肉中刺"从东德土地上连根拔掉。苏联采取断绝西德到西柏林地面和水上交通的办法，试图把美、英、法驻军从陷于饥饿和严寒之中的西柏林挤出去。面对紧张局势，美国总统杜鲁门召集会议商讨

柏林市民对空运机队翘首以盼

对策。会上对空运能否解决西柏林供应问题没有把握。最后杜鲁门权衡利弊，认为要想继续留在柏林，而又不至于冒全面战争的危险，"空中运输比陆路武装护送的风险要小"，于是一场旷日持久的空运开始了。

排队等待起飞的 C-47 运输机

这次空运行动成为冷战的第一个回合，450 多架飞机参加空运，持续时间从 1948 年 6 月 25 日到 1949 年 10 月 6 日，飞行 227728 架次，总货运量 2110235.5 吨（其中煤炭占 67%、生活资料占 24%、原材料占 9%），总飞行里程达 1.75 亿千米，相当于往返月球 200 次，每运送 1 吨货物的成本为 400 马克。

潘国定

潘国定，广东新会人，在美国学会飞行，1939年回国。在中国航空公司任机长期间，参加了"驼峰航线"飞行，共安全飞行500多个来回，为抗日战争作出了贡献。1949年11月9日，他参加"两航起义"，驾驶CV-240"空中行宫"610号飞机，载着两航的总经理等人员，从香港直飞北京。参加革命后，潘国定于1950年任中央军委民航局机航处总飞行师等职务。1950年8月1日，新中国民航国内航线正式开航，潘国定驾驶机头上有毛主席亲笔题写的"北京"两个字的飞机开辟了天津——北京——汉口——广州航线。

政府代表宋子文和美国陆军部长史汀生、陆军参谋长马歇尔商议决定，在中航昆明—加尔各答航线的基础上开辟后来称为"驼峰航线"的航线。由于飞机非常缺乏，担任这条航线运输工作的美国陆军空运总部印中联队全部"租用"中航在这条航线上的飞机和机组人员。以后中航一直归属美军指挥。中航在"驼峰航线"空运开始只有10架飞机，美国承诺一旦中航损失飞机美军即给予补充。到了"驼峰航线"空运后期，中航投入的飞机达到40多架。由于中航的机组人员许多都是有经验的飞行员，其中有些就是原来"飞虎队"的飞行员，他们比美军印中联队具有更多的飞行经验，他们的单机载运量和出勤率也更高。如使用C-47运输汽油时，中航能运载53加仑（约200升）油桶12只，而印中联队只能运载10只。中航报务员陆文斌在一天之内曾经往返"驼峰航线"三个来回。据统计，从1942年5月到1945年9月间，中航共飞越"驼峰航线"8万架次。中航参与驼峰空运的飞行员有陈瑞钿、陈文宽、潘国定、华人杰、周炳、陆文斌等。

"驼峰航线"的开辟，不仅粉碎了日军大规模的侵略和封锁，而且为支持一个庞大的战场而实行大规模的空运开了先例，在稳定亚洲战场和反对法西斯统治和侵略中起了重要的作用。更为重要的是，美国在随后的一些重大事件中需要大规模空运时，都从驼峰空运中获得了宝贵的经验。1944年9月3日，威廉·H·特纳成为空运队第四任也是最后一任司令。他在《飞越驼峰》一书中写道："在人类历史上一个军队第一次通过如此恶劣的飞行环境得到了如此充足的后勤支援。通过驼峰空运行动，我们知道可以在任何时间把物资运到世界的任何地方。"第二次世界大战结束3年后，当苏联1948年封锁通往西柏林的陆路通道时，正是这个特纳直接指挥了美苏冷战的第一场重大战役——柏林空运。

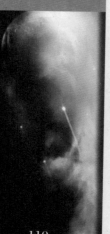

"飞虎队"昆明纪念馆外景

"驼峰飞行员协会"

　　1946年秋，从美军退役、在密歇根大学学习的两位前"驼峰航线"飞行员开始与曾在"驼峰航线"上同生死、共患难的战友联系，1947年9月30多位"驼峰航线"飞行员第一次聚会，决定建立"中—缅—印驼峰飞行员协会"，目的是让当年一起飞行过的人保持友谊和联系。从那时起，他们每年在不同的地点聚会一次。

"驼峰飞行员协会"纪念册

　　根据协会宗旨，他们出版刊物，搜集有关驼峰空运的纪念品，建立博物馆，组织会员著书、写回忆文章，总结和研究世界空运史上第一次如此大规模的空运行动的实践经验。1981年和1983年先后出版了两卷巨著《中国·驼峰空运》，全面记录了这一空运史上的奇迹。

　　20世纪80年代以来，"驼协"多次组织观光团来华，重返重庆、昆明等地，参加各种纪念活动，受到中国方面的热情接待。2005年5月，为纪念第二次世界大战胜利60周年，"驼协"代表团再次来到中国。

　　2008年9月28日，"驼协"理事会决定，鉴于成员年事已高，无法再参加活动，协会自当年年底解散。尽管如此，仍不断有当年的老战士和他们的亲属来华。2012年9月26日，4位"驼峰航线"美国飞行员及其22位亲属一起来到第二次世界大战盟军基地——位于湖南省怀化市芷江县的芷江机场，缅怀这段70年前中美两国飞行员共同抗击日本法西斯的历史。

2012年5月，出访美国的中国国防部部长梁光烈在华盛顿会见"飞虎队"老兵及其亲属。图为陈纳德将军的孙女尼尔·凯乐威（中）向梁光烈赠送陈纳德将军的画像，"飞虎队"老兵杰·温雅德（左）也参加会见

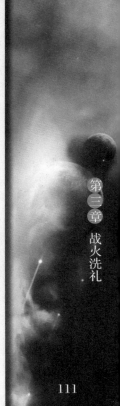

芷江机场

　　芷江机场位于湖南省怀化市芷江侗族自治县，距怀化市31千米。该机场始建于1936年10月，抗战时期为中美空军重要军事基地，有"远东第二大机场"之称。1945年，中日双方曾在此举行了举世瞩目的"洽降会议"，宣告侵华日军的最后失败。2005年5月，在该机场的东边建成一座"飞虎队"纪念馆，主要由"飞虎队"纪念馆、空军作战指挥塔旧址和中美空军俱乐部旧址三栋建筑体构成。

第三章 战火洗礼

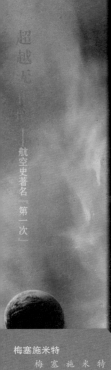

梅塞施米特

梅塞施米特（1898—1978年）是德国著名的飞机设计师和航空工业企业家。1923年创办了梅塞密特飞机制造公司。在第二次世界大战期间，该公司成为德国最大的飞机制造商之一，代表作是 Me 109（亦称 Bf-109）战斗机，集当时最新的技术成果于一身，包括全金属机身、铆接承力蒙皮、增升襟翼、可收放起落架、增压发动机等，是德国空军在整个第二次世界大战期间的主力战斗机，共生产了约35000架，是二战期间世界生产数量最大的战斗机。1942年该公司研制成功了 Me262 喷气战斗机，是世界上第一种投入实战的喷气战斗机。

"燕子" 传奇

生产军用和民用喷气飞机，今天已习以为常，但在70年前喷气发动机刚问世时，让喷气飞机上天，和所有新生事物一样都要经历一番磨难。

愚蠢的希特勒

20世纪30年代，德国和英国在喷气推进技术的研究上走在世界前列。德国人奥海因研制的 HeS-2 型涡轮喷气发动机试验成功，正好适应了当时各大国竞相研制速度更快的作战飞机的需要。1938年底，疯狂备战的德国航空部要求容克斯公司和巴伐利亚公司分别研制实用的喷气发动机，同时要求已研制出 Me 109、Me 110 等著名战斗机的梅塞施米特公司设计喷气战斗机机体。在瓦尔德玛·沃格特博士的领导下，梅塞施米特公司的一个设计小组拿出了 Me 262 方案，绰号"燕子"。但由于发动机研制进度跟不上，到1941年4月18日首次试飞时 Me 262V1 原型机机体上装的是750马力（约551.25千

1938年梅塞施米特（左一）会见德国政府军政要员

容克斯公司的 Jumo 004 涡轮喷气发动机

瓦）的 Jumo 210G 活塞发动机。直到1942年7月18日，容克斯公司拿出 Jumo 004A 发动机，装在 Me 262 V3 上，才在莱普海姆机场上空飞了12分钟，终于完成了 Me 262 只靠喷气发动机的首次试飞。从那时起，

它成为德国空军日渐暗淡的天空中的一线希望。

Me 262 飞上天

Me 262 是世界上第一架投入使用的喷气战斗机，最大速度达到869.4千米/小时，在相同高度上比美国著名的"野马"战斗机快193.2千米/小时，尽管灵活性不如后者，但能够随意进入或退出战斗。

Me 262 研制成功之时，正值美英盟军远程轰炸机已深入欧洲大陆活动、德国本土面临的防空压力越来越大之际，Me 262 以其使所有盟军飞机望尘莫及的速度，本是可以在拦截和打击轰炸机中发挥作用的。但是，负责装备的一些官员认定：当时的主要战场在北非和苏联纵深腹地，对德国本土实施昼间空中攻击的威胁不大，Fw 190 和 Me 109 战斗机已足以对付；而刚研制成功的 Me 262 喷气战斗机航程奇短，且飞行训练和维护十分繁杂，在当时的战事中没有用武之地。因此，到1942年10月，德国空军只订购了30架预生产型 Me 262，只是为了保持技术优势而已。

对 Me 262 发展的另一个致命的打击，竟来自纳粹头子希特勒本人。希特勒一贯偏爱轰炸机而对战斗机不感兴趣，因为他喜欢进攻而不喜欢防御。1943年11月26日，希特勒在因斯特堡观看 Me 262 飞行表演，他突然向身边的梅塞施米特教授提出一个问题："它可以带炸弹吗？"梅塞施米特顺嘴作了肯定的回答："任何飞机都可以带炸弹。"话一出口，他就意识到元首的提问后面可能隐藏着古怪的想法，果然，不容梅塞施米特再说什么，希特勒便大叫起来："闪电式轰炸机终于诞生了！"

Me 262 的驾驶舱

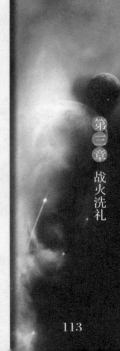

第三章 战火洗礼

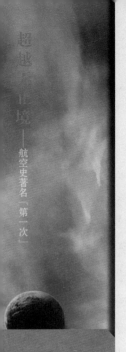

希特勒的意志别人是改变不了的。梅塞施米特公司只能按他的意见从 1944 年初开始加紧生产 Me 262-2A 轰炸机。专家们在机腹下加装两个炸弹挂架，使之能带 500 千克的炸弹。由于起飞质量相应增大，因而起落架需要加强。为延长航程，满足轰炸作战任务需要，又为飞机设计了副油箱。但这样改动的结果是，机体重心改变，稳定性受到破坏。轰炸瞄准具来不及研制，仍继续使用原来设计的战斗机瞄准具。采用上述瞄准具执行轰炸任务的最佳方法是俯冲投弹，但 Me 262 俯冲速度比一般飞机大得多，机体承受不了这种高速度，结果只得采用水平轰炸，而水平轰炸投下的炸弹大都落在距目标一二千米远的地方，效果很差。

惨淡收场

1945 年 3 月，装备 Me 262 的部队第一次能够对盟军轰炸机编队发起大规模的攻击。3 月 18 日，第 7 歼击机联队的 37 架 Me 262 截击盟军 1221 架轰炸机和为之护航的 632 架战斗机。Me 262 击落 12 架轰炸机和一架战斗机，自己只损失 3 架。对于德国空军来说，4:1 的胜率相当不错，但是胜利的绝对规模微不足道，盟军损失 12 架轰炸机只是出动兵力总数的 1%。Me 262 飞行员声称，他们总共击落 542 架盟军飞机。这时，第二次世界大战已近尾声，纵使性能再先进的飞机，也难以改变德国失败的命运了。何况，这时盟军已全面掌握空中优势。对机场的连续攻击使 Me 262 连起飞跑道都没有，到战争最后几天，只能从临时的公路跑道起飞作战。再有，盟军对德国喷气飞机及发动机工厂加紧攻击、破坏燃料供应线都收到了遏制 Me 262 技术优势的效果。

Me 262 战时只生产了 1433 架，由于德国最高当局对如何使用这种飞机有争议，最后只有 300 余架投入使用。据说现在存世的原装飞机仅有 8 架。

总之，Me 262 因为服役晚和数量少因而对战争的结局没有多大的影响，但它确实是战争后期出现的一件新式武器，它的很多特点——后掠翼、自动前缘缝翼、翼下吊挂发动机、机身中心线装强大的机炮火力等，都代表着战后战斗机的设计潮流。Me 262 在航空发展史上是一个重要的里程碑，它为未来航空发展作出了重要的贡献。

意外荣光

第二次世界大战结束前夕，美国陆军航空队发起一次代号叫"精力

后掠翼

后掠翼是机翼设计的一种形式，特指机翼沿着翼展方向的轴线与机身具有一个向后的角度，即掠角为锐角。机翼的后掠程度由后掠角大小来表示。后掠翼是从平直机翼发展而来的，适用于较高的飞行速度，气动特点为可增大机翼的临界速度，并减小超声速飞行时的阻力。后掠翼的理论最初是德国人在 20 世纪 30 年代提出的，最先使用后掠翼设计的飞机有 Me 262 和 Me 163 等。后掠翼不仅用于军用飞机，也大量用于巡航速度在亚声速范围的民航机，以取得速度与航程之间的最佳效益。

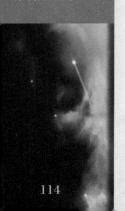

充沛"的特别航空实物情报战，目标是缴获一批包括 Me 262 在内的德国高性能作战武器，并对之进行试验和评估。由哈罗德·沃森上校（后晋升为少将）领导的一队人马赶到德国莱希费尔德机场（以前是德国空军的一个基地，战争后期成为德国主要的新武器试验和训练基地），把10 架 Me 262 搞到手。到 1946 年 5 月，美国共搞到或在运输途中的德国飞机有 58 架、日本飞机 129 架、外国飞机发动机 638 台，这些战利品

第二次世界大战末期美国缴获了十多架 Me 262，其中一架保存在
华盛顿国家航空航天博物馆里

P—80
P—80"流星"是洛克希德公司研制的，1944 年 1 月首次试飞，是美国第一种投入实战的喷气式战斗机。1945 年 2 月开始交付，但由于第二次世界大战几个月后就告结束，致使 P—80 生产量锐减。

先被运到法国西北部港口城市瑟堡，然后利用英国皇家海军"收获者"号航母运回美国。缴获的飞机到达美国后，先在新泽西州纽瓦克恢复到飞行状态，然后经匹兹堡飞抵印第安纳州弗里曼基地，还有一些飞到莱特基地和海军帕塔克森特河试验中心，在那里进行紧张的评估试飞。

通过试飞，美国陆军航空队发现 Me 262 优于早期的英国"流星"。Me 262 速度快，座舱向两侧和向后的视界好，是一个出色的机炮平台，而"流星"在高速时有"蛇行趋势"，显示出"弱的"副翼响应。但 Me 262 的作战航程比"流星"短。他们还对比了 Me 262 和美国 P-80"流星"，结论是：尽管两种飞机的总质量相差 900 千克，Me 262 在加速性能、速度方面超过 P-80，在爬升性能方面两者基本相当。Me 262 明显地有较高的临界马赫数，从阻力角度看，优于美国陆军航空队当时的任何战斗机。

今天，在美国首都华盛顿国家航空航天博物馆里有一架 Me 262 A1，该飞机是按德国空军第七战斗机联队 (JG7) 的飞机涂装的，机身上涂有部队标识以及记录战绩的符号：在苏联上空胜 42 次、对美国飞机胜 7 次。

第三章 战火洗礼

重上蓝天

　　20 多年前，一位飞机发烧友斯奈德说服美国海军同意把一架原装的 Me 262 借给他，作为回报，他要负责把那架飞机恢复到能飞的状态。后来，斯奈德找到鲍勃·哈默和吉姆·拜伦一起工作。哈默原来是波音民

波音公司重新造了 5 架 Me 262，这是其中的一架

机集团一个部门的副总裁，拜伦是哈默手下的一位部门经理，当时，哈默正在考虑自己退休后的打算。两人退休后在 1998 年接手领导"重造 Me 262 计划"：在华盛顿州西雅图埃弗雷特的佩因机场的机库里制造

波音公司"Me 262 重造计划"团队成员

Me 262。截至 2006 年，已经有 3 架 Me 262 先后飞上天，并找到了买主。与原装飞机最大的区别是，重造的飞机没有原来不够安全、可靠性差、寿命极短的 Jumo 004 B 发动机，而是换装了通用电气公司 J85/CJ610 发动机。新发动机的尺寸只是原来的一半，但推力增大一倍，而使用寿命可以延长 100 倍。

　　作为世界上第一架投入实战的喷气战斗机，Me 262 的"一生"虽然一波三折，历尽艰难，其"主人"也由德国人转为美国人，主要用途由"战绩"转为"情报"，再转为"玩票"，但是其影响力却一点都没有衰减，它作为航空发展史上值得大书一笔的经典飞机而永载史册！

盟军第一架实用喷气战机

1941年5月15日，英国格罗斯特公司第一架装惠特尔W.I喷气发动机的E28/39喷气原型机试飞。但盟军第一架实用的喷气战机是格罗斯特公司的"流星"。1944年初，第一架生产型"流星"交给美国，换回了一架美

英国格罗斯特公司"流星"喷气战斗机，保存在伦敦博物馆里

美国贝尔飞机公司制造的第一架XP-59A双发喷气战斗机，
1941年10月1日首次试飞

国正在研制中的 XP-59A，其余交付皇家空军第616中队服役。然而它的主要作战任务不是同德国的先进喷气战机进行空战，而是对付德国的 V-1 导弹。1944年8月，英国皇家空军飞行员首次驾驶"流星"战机成功拦截了一枚射向英国本土的导弹。直到战争结束，"流星"都未能和德国的喷气飞机相遇过，尤其是 Me 262。战后，"流星"持续生产到1954年，共计生产3900架，除了英国空军外，澳大利亚、加拿大、比利时等国的空军都装备过该机。参加朝鲜战争的澳大利亚空军分遣队使用的也是该机。

XP-59A

XP-59A"空中彗星"是贝尔公司为美国空军研制的第一种喷气战斗机，装2台通用电器公司I-16喷气发动机。1941年4月，美国陆军航空队司令阿诺德访问英国时对那里刚刚试飞的喷气飞机很感兴趣，凭借美英特殊关系，从英国要回一台惠特尔研制的涡轮喷气发动机，随即秘密运到通用电器公司，仿制出美国的I-16。与此同时，要求贝尔公司研制喷气战斗机机体，其原型机XP-59于1942年10月试飞成功。到1943年年中，由于新的喷气机性能明显低于P-51等活塞式飞机，军方只订了100架，最后仅生产了50架，用于训练，直到第二次世界大战结束，美国的喷气机也未能拉上战场。

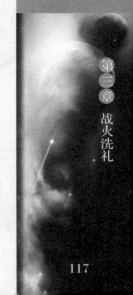

第四章
创新无限

动力革命

  涡轮喷气发动机的出现，使驰骋于航空领域几十载并建立过无数功绩的活塞航空发动机逐渐退出航空领域中的主战场；同时，它使飞机的速度、升限、载重量等基本性能扶摇直上，使航空领域发生了深刻的变革。

发动机瓶颈

  飞机的发明经过一个漫长的过程，作为飞机动力装置的发动机也同样如此。

  20世纪上半叶主宰蓝天的活塞航空发动机在两次世界大战的推动下，性能有了很大的提高，单台发动机功率从最初莱特兄弟第一架飞机"飞行者"1号只有12马力（约

泰勒为1903年"飞行者"制造的发动机

8.82千瓦）增加到3800马力（约2793千瓦），功重比从0.15马力／千克（约0.11千瓦／千克）发展到2.5马力／千克（约1.84千瓦／千克），巡航耗油率从0.34~0.35千克／（马力·小时)[约0.46~0.47千克/(千瓦·小时)]，降低到0.19~0.20千克／（马力·小时)[约0.26~0.27千克/(千瓦·小时)]，寿命从几小时增加到上千小时。

  在这几十年里，军用飞机飞得"更快、更高、更远"的需求是推动发动机向前发展的主要动力，在发动机领域实现了一项又一项革新和发明：气缸数量从最初的4个一路增加到B-29"超级空中堡垒"轰炸机发动机的28个；为了冷却，出现了直列、对列、V形、X形、星形等多种多样的气缸布局形式；为了减小飞行阻力而采用减阻环、安装圆形整

流罩……；使用高辛烷值燃料提高功率和降低耗油率；采用加力技术使功率提升30％以上；采用涡轮增压器改善发动机的高空性能；喷油技术由汽化器改为直射式喷雾器；采用变距螺旋桨增加效率和功率输出；在结构上采用整体铸造等技术，大幅提高功重比、使用寿命、工作可靠性和使用维护性等。

到第二次世界大战后期，各种提高活塞发动机功率的途径，潜力似乎已经达到极限。此外，要提高活塞发动机的性能还有一个难以逾越的

"巨黄蜂"活塞发动机

航空发动机

航空发动机的主要功用是为飞行器提供推进动力或支持力，是飞行器的心脏。自从飞机问世以来，发动机得到了迅速的发展，从早期的低速飞机上使用的活塞式发动机，到可以推

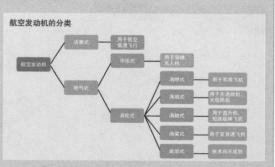

航空发动机的分类

动飞机以超声速飞行的喷气式发动机，再到运载火箭上可以在外太空工作的火箭发动机等，时至今日，航空发动机已经形成一个种类繁多、用途各不相同的大家族。

鸿沟：发动机的功率与飞机飞行速度的三次方成正比，随着飞行速度的进一步提高，发动机功率的进一步增大，活塞发动机的质量也迅速增大，已经不能满足高速飞行的要求；另一方面，螺旋桨的存在带来很大问题：当飞机的速度达到 650 千米 / 小时时，螺旋桨的效率急剧下降。这些因素合在一起，决定了活塞发动机 + 螺旋桨的推进模式已经走到了尽头，要想进一步提高飞行性能，必须探索一种全新的推进模式。正是在这种情况下，喷气发动机应运而生。

纸上谈兵

利用喷射反作用力推动物体运动现象在自然界中就存在，水母就是典型的例子。在公元 1000 年左右，我们的先人创造了走马灯，热气上升冲击叶轮旋转，这是现代燃气涡轮原理的原始应用。我国在十一二世纪发明了多种烟火，其中如"地老鼠"、"走线流星"等就是利用喷射反作用力来推进的。古希腊学者希罗曾发明过一种利用蒸汽的喷射反作用力推动物体旋转的装置——汽转球。这些事实说明，人类在早期就已开始有意识地利用喷射反作用力原理。

17 世纪牛顿力学为喷射反作用力推进的研究奠定了理论基础。直到20 世纪初，一些发明家利用牛顿理论提出或发明了一些利用喷射反作用力推动物体运动的设想或装置。然而这些都仅仅是设想而已，如果没有战争和军事需求的推动，它不会急匆匆地降临人间。

第一架喷气飞机 He-178

装 HeS-3B 的 He-178 是世界上第一架试飞成功的喷气飞机。He-178 是单翼机，主要技术数据如下：乘员 1 人、机长 7.48米、翼展 7.20 米、机高 2.10 米、翼面积 9.1 平方米、空重 1620 千克、最大起飞重量 1998 千克、动力装

He-178 是世界上第一架喷气式飞机

置为 1 台推力为 4.4 千牛的 HeS-3 涡轮喷气发动机、最大速度 598 千米 / 小时、航程 200 千米。

最早关于空气喷气发动机的设想是法国人洛林在 1908 年提出的。他当时建议：在活塞发动机的排气阀上接一个扩张型的喷管，利用燃气向后喷射的反作用力使飞机前行。1910 年，25 岁的罗马尼亚人科安达在第二届巴黎展览会上展出了他制作的第一架全尺寸喷气飞机，并进行了最早的喷气飞机试验飞行。他用一台活塞发动机带动一个管道内的风扇转动，驱动空气向后喷出，产生反作用推力。据说，科安达使自己的飞机实现了一次短暂的跳跃。但究竟有没有飞起来，后人有争论。

最后，让空气喷气发动机终于梦想成真的是两位年轻人——德国人汉斯·冯·欧海因和英国人弗朗克·惠特尔，他们差不多在同一时间相互独立地完成了同一个壮举。

幸运的欧海因

欧海因 1911 年 12 月生于德国德绍，20 世纪 30 年代初，他在哥廷根大学学习应用物理和空气动力学，其间产生了发明一种新型发动机的念头。欧海因晚年在美国接受媒体采访，在回答自己怎会想到发明喷气发动机的问题时说："有一次坐飞机，我觉得活塞发动机震动和噪声很大，和飞机优美的气动外形实在不相称，于是我就开始考虑发明一种能持续燃烧、持续喷流、没有往复运动的部件、没有被干扰的气流的装置。"后来他把描述喷气推进的原理和可行性的研究写成《热转变为燃气流动

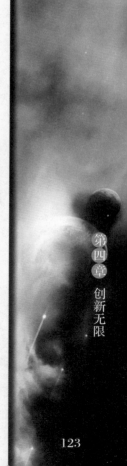

科安达

亨利·科安达（1885—1972 年）是罗马尼亚人，1905 年他曾制造过一个火箭推进飞机的模型，想利用喷气的反作用力作为动力装置，从此走上了航空生涯。1910年，他在巴黎展览会上展出了他制作的第一架全尺寸喷气飞机，引起很大轰动。

第四章 创新无限

罗马尼亚布加勒斯特国家军事博物馆展出的 1910 年科安达"涡轮推进器"的复制品

能的过程》的论文。

1935 年，24 岁的欧海因完成了制造喷气发动机原型机第一批图纸。理论和现实距离很远，第一个试验装置失败了。帮助他进行试验的技工马克斯·汉和波尔教授给欧海因打气，鼓励他说："你的理论完全没错，你的计算也是对的。"接着，波尔教授为欧海因写了一封推荐信，让他去找大名鼎鼎的飞机制造商亨克尔。1936 年 5 月，欧海因找到了亨克尔。当时德国空军刚刚成立，迫切希望提高飞机性能，而亨克尔对高速飞行十分感兴趣。在亨克尔的安排下，欧海因与公司的工程师们一起讨论了喷气飞机的可行性。

欧海因带着马克斯·汉和亨克尔手下的几名工程师组成一个新班子，他们的任务是先验证涡轮的功能，然后研制一个能上天的涡轮。1937 年他们装好一台功能验证机 HeS-1，用氢作燃料运转极好，证明欧海因的想

欧海因装配的喷气发动机的功能验证机

法是正确的。1937 年 4 月，亨克尔正式聘用欧海因。1938 年底，研制小组生产出一台能上天飞行的发动机 HeS-3，装在 He-178 飞机上，起初推力不够，但很快找到了解决方法，最后的定型机是 HeS-3B。这是欧海因经过一年半努力做成的世界上第一台喷气发动机，不逊于人类科学技术攀上的任何一个新高峰。1939 年 8 月 27 日清晨，试飞员埃里希·沃西茨在罗斯托克马利内机场驾驶第一架装喷气发动机的 He-178 飞上蓝天，这是喷气时代的开始。人们赞扬欧海因是照亮现代航空的指路明灯，但他一直认为，"我很幸运，如果不是亨克尔，我可能什么也不是。结识

亨克尔是我一生中幸运的转折点。"

顽强的惠特尔

　　惠特尔 1907 年 6 月 1 日生于英国考文垂。1926 年在克兰威尔空军学院学习期间，他发现：活塞式发动机吸入的空气流量有限，越到高空，空气密度越小，对发动机的工作越不利；当飞机的飞行速度超过 650 千米 / 小时时，螺旋桨的效率急剧下降，导致输出功率大大减小。活塞发动机的上述问题再加上结构设计的局限性，使其无法满足飞机进一步提高飞行速度的需要。于是，惠特尔想寻找一条克服活塞发动机局限性的根本出路。1928 年，在空军学院学习的最后一学期，他在毕业论文《飞机设计的未来发展》中提出了涡轮喷气发动机的工作原理：先将空气吸入，再经过双面离心压气机压缩，然后在单管燃烧室内喷油燃烧，燃烧后的高压燃气驱动涡轮带动压气机，同时高速从尾喷管喷出，从而产生推力推动飞机向前飞行。他推导出发动机热力学的基本方程，并且指出飞机的巡航飞行高度可以达到 35000 米。

惠特尔的 W2 试验机

　　尽管惠特尔的设想没有受到官方的重视，但英国皇家空军一位军官鼓励他不要放弃研制涡轮喷气发动机的想法，并在 1930 年 1 月帮助他申请专利，1932 年获得批准。取得专利之后的 3 年时间里，无论是政府部门还是工业界都没有人愿意资助惠特尔的计划。这时惠特尔已是两个孩子的父亲，家庭经济负担很重，他甚至连延长专利有效期的 5 英镑都拿不出，惠特尔只好准备放弃他的想法。

　　但是，天无绝人之路。在原克兰威尔空军学院一位学友、飞行员威廉姆斯的安排下，一家由银行家组成的财团决定资助 1936 年 3 月新成立的"动力喷气有限公司"试制惠特尔发明的涡轮喷气发动机。发动机取名 WU（"惠特尔样机"的意思）。

空气密度

　　空气密度指在一定的温度和压力下，单位体积空气所具有的质量。在标准状况下，空气密度约为 1.29 千克 / 立方米。大气层的空气密度随其距离地面高度的增高而减小，越高空气越稀薄。

空气螺旋桨

　　空气螺旋桨，简称螺旋桨，指靠桨叶在空气中旋转将发动机的转动功率转化为推进力或升力的装置。它由多个桨叶和中央的桨毂组成。发动机轴与桨毂相连接并带动它旋转。螺旋桨广泛应用于活塞式飞机和涡轮螺旋桨飞机。直升机的旋翼和尾桨也是一种螺旋桨。

惠特尔的全部设计是创新的，无从借鉴。按常规作法，需要一个部件一个部件反复试验，试验合格后再组装成整台的发动机，时间和资金都十分紧张。1937年4月12日，WU试验机首次试车，试验中发现了很多问题，惠特尔不得不重新设计。在改进后的发动机上，用10个围

装惠特尔 W1B 发动机的 E28/39 喷气试验机

绕发动机的分管燃烧室取代了大的单管燃烧室。1938年10月，新发动机进行了试验，尽管燃烧室性能仍不能令人满意，但终于实现了16000转/分的持续运行。

1939年，战争的阴影开始笼罩欧洲。这时，空军部官员看到惠特尔的喷气发动机已经在成功地运转，才答应给予资金支持。1939年6月，即航空部第一次拒绝惠特尔方案10年之后，政府与惠特尔签订了制造一台W1试飞发动机的合同，准备用在格罗斯特公司E28/39战斗机上进行试验。

格罗斯特公司把惠特尔的发动机称为W1B，这是一台装离心式压气机和单级轴流涡轮的发动机，重250千克，标定推力为500千克。1941年5月15日的黄昏时分，格罗斯特飞机公司首席试飞员G·赛耶驾驶E28/39从克兰威尔机场第一次升空，飞机持续飞行17分钟。E28/39的首飞时间比德国晚了一年多，但他却是同盟国第一架上天的喷气飞机。

从1930年取得喷气发动机发明专利算起，时间已经过去了11年，这是关系英国在第二次世界大战中能否掌握空中优势的黄金时间。后人对此无不万分惋惜，然而这在保守思想统治军、政要害部门的情况下，白白浪费十多年时间却是千真万确的事实。

在W1B研制成功的基础上，经过英国航空部的安排，罗尔斯·罗伊斯公司研制出推力更大的W2B，装在1943年3月5日首次试飞的"流

罗尔斯·罗伊斯公司

英国罗尔斯·罗伊斯公司又译"劳斯莱斯"，简称罗罗公司，最早于1906年成立，1971年负债亏损导致破产后，在英国政府干预下将公司分为汽车和航空发动机两家公司。由两个R字母组成的品牌仍然由两家公司使用。罗罗航空发动机是世界三大航空发动机厂家之一，主营民用发动机、军用发动机、船用发动机、能源、电力系统五大业务。

126

星"战斗机上，一年后成为英国空军使用的第一种喷气战斗机，同时也是整个盟国军队在第二次世界大战中唯一参战的喷气战斗机。

欧海因和惠特尔差不多在同一时间各自独立发明喷气发动机，这是纯属巧合，还是技术发展的必然呢？

晚年的惠特尔

1992 年欧海因（右）与惠特尔共同获得美国工程院查尔斯·德拉普奖，该奖是表彰工程技术成就的最高奖项，被誉为"技术诺贝尔奖"

第一批喷气作战飞机

装喷气发动机的飞机和装螺旋桨发动机的活塞飞机不同，前者是靠空气和煤油燃烧后所产生的大量高温高压气体，向后喷射而推动飞机前进的，所以一般在机身前面和侧面都开有专门的进气口，机身后部留有喷口。喷气发动机可获得较高的推重比，使飞机获得较高的飞行速度、

在朝鲜战争中大量使用的米格－15 喷气战斗机

高度和机动性能。第二次世界大战后期德国的 Me 262 和英国的"流星"喷气战斗机先后用于作战，突破了活塞飞机性能的极限，使战机进入了一个崭新的时代。到 20 世纪 50 年代初，著名的喷气战斗机有苏联的米格－15，美国的 F－80、F－86，英国的"吸血鬼"；喷气轰炸机有苏联的伊尔－28 和英国的"坎培拉"等。

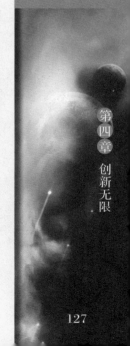

超过声速

1947 年 10 月 14 日，美国一位 24 岁的年轻人、空军上尉查尔斯·耶格尔驾驶 X-1 研究机，在飞行中第一次超过声音的速度，向人类进入超声速时代迈出了第一步。

自从人类把飞机作为战争工具开始，提高飞行速度就成为其狂热追求的目标之一。在第二次世界大战中，美国国家航空咨询委员会（NACA，1958 年改组为今天的国家航空航天局，简称 NASA）承担了大量试验、改进原有活塞飞机的任务。其间，他们发现随着速度的提高，活塞飞机螺旋桨会达到性能的极限，随后效率会持续下降。螺旋桨桨尖在高速飞行时，将首先接近甚至达到声速，巨大的波阻不但会影响气动效率，而且还会引起机身抖振、操纵失灵，使飞机完全失去控制，甚至解体或直坠地面。当时一位英国科学家形象地说，"声速像是一堵难以逾越的障碍墙"，于是"声障"一词不胫而走。为了解决这个问题，必须开展新的基础性研究，特别是研究跨声速和超声速空气动力学问题。只有解决了这些问题，发展出新的技术，才能使飞机性能有大幅度的提高。

古德林因小失大

1943 年，NACA 兰利实验室提出一项开展高速气动力学研究的计划。1944 年与军方一起正式制订出研制以火箭发动机为动力的超声速试验机计划。经过方案比较，1945 年 2 月美国陆军航空队（现在美国空军的前身）与贝尔公司签署制造 3 架 X-1 超声速研究机的合同。前缀

贝尔公司人员在 NACA 参与商讨航空发展计划

加 "X" 的飞机是美国用于研究、试验、测试新技术的研究机，因此 X-1 就成为至今还在延续的 X 系列飞机中的第一种。

X-1 采用火箭发动机和薄翼型平直机翼，具有良好的流线形，像一枚子弹头。由于当时对声障的特性不很清楚，因此飞机设计时强调要具有足够的强度。为了减小突出物在超声速飞行时产生的巨大阻力，驾驶舱盖完全与机身融为一体，飞行员从侧面的矩形门进出飞机。

X-1 将挂在 B-29 母机腹下升空发射

X-1 的翼展 8.54 米，机长 9.45 米，机高 3.35 米，总重 5.9 吨。机体内除前部小驾驶舱外，中后部均用于装推进剂，总重 2.27 吨，几乎占飞机总重的一半。尽管如此，它也只能在自身动力下飞行 150 秒。为了节省推进剂，X-1 采用由 B-29 轰炸机携带升

X-1 超声速研究机

空并在 10000 米高空投放、然后自行加速爬升的方式。

1946 年 1 月 19 日，贝尔公司首席试飞员马尔姆斯驾驶 X-1 进行了第一次不带动力的滑翔试飞，此后不到两个月里进行的前 10 次滑翔飞行都是由他完成的，随后 X-1 被送回工厂安装火箭发动机。1946 年 10 月，飞机交付给缪罗克基地，由贝尔公司新任首席试飞员查尔莫斯·古德林接手继续试飞。

1946 年 12 月 9 日，古德林进行了第一次动力飞行，到 1947 年 6 月 5 日古德林在 X-1 上一共飞了 26 次。但是，就在实现超声速飞行的曙光已经近在眼前的时候，古德林失去了试飞员的位置。古德林是美国第一批拿到喷气飞机执照的飞行员之一，试飞生涯中曾两次从飞机上跳伞

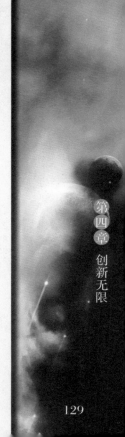

火箭发动机

火箭发动机是喷气发动机的一种，自带推进剂，不依赖外界的空气。能源在火箭发动机内转化为工质（工作介质）的动能，形成高速射流喷出而产生推力。火箭发动机依形成气流动能的能源种类分为化学火箭发动机、核火箭发动机和电火箭发动机。化学火箭发动机按推进剂的物态又分为液体火箭发动机、固体火箭发动机和混合推进剂火箭发动机。

第四章 创新无限

成功逃生，成为"毛毛虫俱乐部"的双料会员。他为什么与"超声速第一人"的荣誉失之交臂呢？

这里有一个古德林为争奖金而辞职的故事。在完成飞出飞行马赫数0.8的第一份合同后，按照规定要签订新的飞出飞行马赫数1.1的合同。古德林以飞行风险大为理由，要求公司支付15万美元奖金，而且为了减少税额，还要求公司分5年给付，此外还要求公司支付飞行马赫数超过0.85后按每分钟计算的危险工种补助费。古德林与贝尔公司之间的合同纠纷迟迟未能解决，最后古德林辞职，拖延了X-1试飞计划的进度。而且贝尔公司试飞X-1的计划过于保守，每次飞行只把飞行马赫数提高0.02，本来军方已经感到不满，在这种情况下，陆军航空队决定接管X-1试飞计划，以便加快研制进度。

耶格尔为飞行而生

陆军航空队接管X-1试飞计划后，有没有自己的试飞员人选呢？有，他就是查尔斯·耶格尔。

耶格尔1923年2月13日生于美国一个农民家庭，少年时代他和哥哥一起在花园里除草、喂猪，每天都要给牛挤两次奶，还有很多时间是在树林里和大人一起打猎、钓鱼，在山上滑雪，练就一副好身体，为日后学习飞行打下了基础。

生长在穷乡僻壤的耶格尔从来没有想过自己会当飞行员，15岁时才第一次从近处看到飞机。1941年刚满18岁，他应征加入陆军航空队，成了飞机维修队员。不久他抱着碰碰运气的心情，参加飞行员考试，并被录取。经过刻苦学习，他成为班上唯一被推荐当战斗机飞行员的学员。接着，他在内华达州学习驾驶P-39战斗机，6个月以后驾驶P-39开赴欧洲战场。

1945年1月，22岁的耶格尔执行64次任务后，结束战争生涯回到美国。

查尔斯·耶格尔

他在第二次世界大战中共击落 11 架敌机，虽然不是最高纪录，但对于击落 5 架就算"王牌"的标准来说，他击落的数量是绰绰有余了。

为了便于照顾不久要分娩的妻子，耶格尔选择在离家乡最近的莱特空军基地（即后来的美国空军试飞中心所在地）工作，又一次改变了他的人生轨迹。他在基地当助理维修官，基地里的几十种军用机，包括从德国和日本缴获来的飞机，他都可以尽情地驾机飞翔，每天飞 6~8 小时。耶格尔对飞机的酷爱，引起基地主任博伊德上校的注意。1946 年 1 月，博伊德根据他在飞行中的杰出表现，力排几十名有资历的试飞员的不同意见，安排耶格尔坐进试飞员学校的课堂，开始半年的学习。经过一番艰难的选择，航空队最后决定由耶格尔接替古德林担任 X-1 的试飞员。1947 年 7 月，他正式被派到缪罗克基地"执行临时任务"。

耶格尔接手 X-1 试飞任务之后，先滑翔飞行了 3 次，以熟悉飞机的

90 高龄的耶格尔还多次驾驶 F-15 飞上蓝天

性能。1947 年 8 月 29 日进行第一次动力飞行，飞行马赫数达到 0.85。又经过几次试飞，速度不断提高，风险也相应加大，到 1947 年 10 月 14 日，耶格尔驾驶由 B-29 带到空中的 X-1 的 1 号机在第 13 次飞行中，终于在 12800 米高空首次突破声障，速度达到 1120 千米 / 小时，即飞行马赫数为 1.07，第一次超过声速。与贝尔公司试飞员要价 15 万美元相比，耶格尔只拿着每月 283 美元的薪水（一年也只有 3396 美元）就完成任务，真可谓又快又省。很难有人相信，就在这次飞行的前两天，耶格尔陪夫人在月夜中骑马飞驰，摔断了两根肋骨，第二天他怕影响飞行硬是不肯

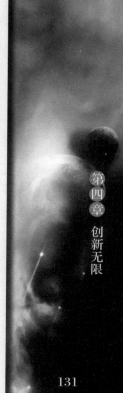

第四章 创新无限

131

去医院治伤，只是让私人医生简单地包扎了一下，第三天就忍着疼痛，完成了这次具有划时代意义的飞行。

整个 20 世纪 60 年代，耶格尔都在继续从事飞行研究工作。只有一段时间到越南参战，驾驶 B-57 轰炸机执行过 127 次任务。随后，耶格尔作为一名上校军官，担任美国空军试飞员学校的领导工作。1975 年 3 月 1 日，耶格尔从空军退役。退役后，耶格尔不放过任何可以飞行的机会。他一生的总飞行时间超过 14000 小时。

美国实验飞机协会（EAA）大力开展"放飞百万雏鹰"活动

1985 年，耶格尔出版了他的自传，成为当年最佳畅销书，书中真实生动、风趣细腻、扣人心弦地描述了他那令人难以置信的飞行生涯。耶格尔说："我的成功秘诀是，为了飞行，我必须想办法活到明天！"

迄今，90 多高龄的耶格尔仍然活跃在航空战线，1997 年他曾驾驶 F-15D 纪念第一次超声速飞行 50 周年；2012 年 10 月 14 日，他再次驾驶 F-15D 从内利斯空军基地起飞，纪念超声速飞行 65 周年。目前他还是美国最大的航空团体发起的"放飞百万雏鹰"活动的名誉主席，为在全美国更好地普及航空而辛勤工作。现在，他当年驾驶的那架研究机，和航空史上另外两架最著名的飞机——莱特兄弟 1903 年飞行的"飞行者"号和林德伯格单人不着陆从纽约飞抵巴黎的"圣路易斯精神"号一起，陈列在美国首都华盛顿国家航空航天博物馆的大厅里。

EAA 各地支部开展"放飞百万雏鹰"活动的海报

X-1 是人类历史上一种划时代的飞机，不仅因为它的飞行第一次超过了声速，还因为它是世界上第一种纯粹为了试验目的而设计制造的飞机。

贝尔飞机公司先制造了 3 架 X-1。X-1-1、X-1-2 于 1945 年相继出厂并开始试验飞行。1947 年 10 月 14 日，试飞员耶格尔驾驶 X-1-1 实现了人类第一次超声速飞行，1950 年 5 月 12 日 X-1-1 光荣退役。X-1-2 在飞行

X-1 研究机珍藏在华盛顿国家航空航天博物馆里

试验中速度也超过了声速，随后经过改进成为 X-1E，用来验证薄翼气动特性。X-1-3 的理论最高飞行马赫数可以达到 2.4，但在一次试飞中由于燃料泄漏事故和载机 B-50 一起在空中炸成了碎片。贝尔飞机公司之后又建造了 4 架经过改进的 X-1，其中 X-1A 用于动力稳定试验，X-1B 用于空中载荷研究，X-1C 搭载机炮用于武器测试（实体模型阶段被取消），X-1D 则用于传热研究。各型 X-1 总共试验飞行了 156 次，最大飞行马赫数达到 1.45，最大飞行高度达到 21000 米。

X-1 研究机计划除了在世界航空史上具有开创性意义之外，对美国来说重要的是获得了大量有关高空和高速飞机的稳定、控制以及结构强度方面的直接体验，获得了大量有重要价值的试验数据和成果，这些都为后来美国航空技术的迅猛发展打下了坚实的基础。

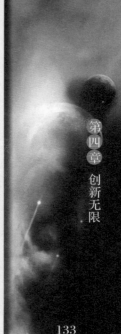

X 系列研究机

X 系列起源于美国国家航空航天局和美国军方在第二次世界大战结束前夕开始的研究机计划，其目的是探索跨声速和超声速飞行的奥秘。从 1947 年 10 月突破声障的 X-1 到 20 年后飞行马赫数达到 6~7 的 X-15，X 系列飞机取得了重要的成果。此后还有很多研究机。2012 年美国空军披露了 X-56A 研究机，将研究主动控制技术在未来高空长航时侦察机上的潜在应用。

第四章 创新无限

垂直起落

早在喷气飞机出现之前，航空工程师就想降低快速飞机所需要的跑道的长度，最好是完全不需要跑道。他们想搞出一种能像直升机一样起飞、降落，而效率又和固定翼飞机一样的飞机。但是，设计这样的飞机一直很困难，而设计垂直起降的战斗机更是难上加难，至今也只有屈指可数的几种。

从 20 世纪 40 年代至今，试验过 40 多种垂直 / 短距起落飞机，这类飞机或者叫垂直起落飞机或者叫短距起落飞机，两类飞机通常合在一起统称垂直和短距起落飞机。算上美国新近研制的 F-35 "闪电" II 的 F-35B 短距起飞 / 垂直降落型，最后进入成批生产的作战飞机只有 4 种：英国的 "鹞" 及其改型、苏联的雅克 -38、美国的 V-22 "鱼鹰" 和 F-35B。其他飞机计划大部分只进行了试验，或者作为概念验证机，压根儿就没有打算让其成为实际的生产型飞机。

实现垂直和短距起落飞行的最大问题是：要让一架没有向前运动的飞机离开地面，需要由发动机的推力，而不是机翼的升力来支持绝大部分甚至全部飞机质量。这就要求用几台大型发动机、大量燃料和复杂的飞行控制系统，所有这些都会增加整个飞机的质量。对于飞行员来说，操纵这些飞机从垂直飞行向水平飞行过渡，或者反过来从水平飞行向垂直飞行过渡，都十分困难。

到目前为止，各国先后研制过五种类型的垂直起落飞机：尾座式（亦称立式）、倾转动力装置式、推力转向式、专用升力动力装置式和后三类型式的混合配置式。

风头出尽的 "鹞"

英国 "鹞" 式是世界上第一种实用的垂直和短距起落战斗机。第一架生产型 "鹞" 于 1967 年 12 月 28 日试飞，1969 年 7 月进入英国空军服役，后来美国海军陆战队也选用了这种飞机，编号为 AV-8A。"海鹞" 是 "鹞"

的海军型,机头全部重新设计,性能全面提高,1979年装备英国海军。20世纪70年代中,美国麦道公司在"鹞"的基础上开发出性能大幅度提高的AV-8B,称"鹞"Ⅱ型,1985年交付使用。从1969年到2003年,各型"鹞"总共生产了824架,装备"鹞"的国家有英国、美国、意大利、西班牙、印度和泰国。

  "鹞"的最大特点是装了一台罗·罗公司的"飞马"推力转向发

装"飞马"推力转向发动机的"海鹞"能在舰上起降

动机。该发动机有两对带两片叶栅的转向喷管,对称于飞机重心前后排列,分别喷出风扇气流和燃气流,每个喷管均可从向后位置向前下方转动98.5°,通过控制喷口操纵系统和油门来改变推力的大小和方向,为飞机提供垂直起落、过渡飞行和正常飞行所需的升力和推力。

  垂直和短距起落飞机的最大优点是机动灵活,不依赖永久性固定基地,可分散配置。主要缺点是航程短(主要因起降时油耗大),载弹量少,后勤保障困难。

  在1982年的英阿马岛之战中,英国海军航空兵的"海鹞"和空军的"鹞"凭借超群的机动性能,在空战中对阿根廷战机取得了23∶0的极佳战果,使这种世界上最先投入战争的垂直/短距起降式战斗机出尽了风头,创造出一些全新的格斗样式,对垂直起落飞机的进一步发展产生了积极的影响。进入21世纪,英军的"鹞"式战机还参与过伊拉克和阿富汗战事。

  1991年海湾战争中,美国海军陆战队的"鹞"Ⅱ是第一个投入战场的,42天中86架"鹞"Ⅱ飞了3380架次、累计4112小时,共投送了600万磅(272万千克)弹药。

  "鹞"式飞机操纵复杂,事故率相当高。在美军所有现代喷气战斗

"鹞"Ⅱ

  英国"鹞"垂直起降战斗机研制成功后,美国海军陆战队很感兴趣,购买了一批英国"鹞"MK50,重新编号为AV-8A,用于近距离空中支援和侦察。为了进一步提高AV-8A的性能,由美国麦道公司(现并入波音公司)和英国宇航公司联合研制了AV-8B型,亦称"鹞"Ⅱ,1983年开始服役。其主要改进包括:增加发动机推力、改进座舱盖、更新电子设备、增加武器挂架、加强起落架、增强空战格斗能力等。

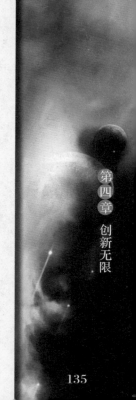

第四章 创新无限

机中，"鹞"Ⅱ的事故率最高，与直升机相当。服役 32 年来，海军陆战队的 397 架"鹞"Ⅱ已经损失近 1/3，事故率是 F-18C 的三倍。自 1985 年以来，印度装备的"海鹞"在各种事故中损失了 15 架。

16 架"鹞"式战机告别飞行

为了削减国防预算，英国政府决定让空军"鹞"提前退役。2010 年 12 月 15 日，16 架"鹞"在东米德兰兹基地举行了告别飞行，标志着这款服役半个世纪的战机完成了历史任务。

早衰的"铁匠"

有两台专用升力发动机的雅克-38，服役时间不长

苏联的雅克-38"铁匠"和"鹞"差不多，20 世纪七八十年代它们在苏联的 4 艘多功能巡洋舰 / 航空母舰上服役。与"鹞"不同的是，"铁匠"有 3 台喷气发动机，两台提供垂直升力，第三台发动机可以改变方向，既能产生垂直升力，也能产生水平推力。"铁匠"不能像"鹞"一样滑跑起飞，只能垂直升空，当然消耗的燃料会多得多。这严重地限制了它的航程和性能，在 20 世纪 90 年代就早早退役了。

顽强的"鱼鹰"

自 20 世纪中叶人类探索垂直和短距起落飞机以来，试验得最多的可能要数各种动力系统能改变方向的飞机设计了，它们通常统称为"推力换向式飞机"。这些飞机能改变螺旋桨、旋翼、涵道螺旋桨甚至整个机翼的方向，从垂直状态改成水平状态。然而，从设想的提出到实现足足用了半个多世纪。

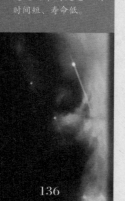

升力发动机

升力发动机，亦称专用升力动力装置，是把产生的推力直接用做升力的发动机，可以是涡轮喷气发动机，也可以是涡轮风扇发动机。它与一般发动机不同的是：为了尽量减少死重对飞机性能的影响，推重比要特别高，至少 16~20 以上。因此，要求结构相对简单、系统简化、广泛采用轻质的复合材料，随之而来的是它工作时间短、寿命低。

20 世纪 40 年代，美国贝尔直升机公司就开始对倾转旋翼技术的研究，1951 年赢得美国军方的 XV-3 合同，1955 年 8 月首次完成垂直升降试验。随后，1977 年 5 月推出 XV-15 倾转旋翼研究机，1981 年首次在巴黎航展上亮相，导致美国防部提出"多军种先进垂直起落飞机"计划，即研制一种各军种都可以使用、能够垂直起降的军用直升机。贝尔公司和波音公司联合投标，取得胜利，1985 年 6 月赢得研制 V-22"鱼鹰"倾转旋翼飞机原型机的合同。第一架原型机于 1989 年 3 月 19 日首次试飞，同年 9 月 14 日实现了模式转换飞行。

V-22"鱼鹰"是世界上第一种既不依赖机场、也不受旋翼限制、能垂直起降的倾转旋翼飞机。它在设计思路上的变革，为人类航空史填补了一项空白。

倾转旋翼机与常规直升机相比，优点主要是：速度快、噪声小、航程远、载重量大、振动小、耗油率低、运输成本低，综合考虑倾转旋翼机耗油率低、速度快、航程远、载重大等优点，其运输的成本仅为直升机的 1/2。主要缺点是既有旋翼又有机翼所带来的技术难度高、研制周期长、研制费用高和单机成本高。

倾转旋翼技术

倾转旋翼技术是指飞机依靠旋翼倾转来调节飞行技术状态。具体方案是在机翼两端分别安上发动机短舱，内装涡轮发动机用以驱动旋翼系统。发动机短舱可以绕机翼轴进行由朝上到朝前及由朝前到朝上的直角转动，并且要求这两套动作完整连续，一般在十几秒内完成，这样就可以改变旋翼的推力方向。当发动机短舱呈水平状态时，旋翼就变成了螺旋桨，加上原有的一段机翼，飞机就变成了涡桨固定翼飞机了；反之，则变成一架双桨或多旋翼的直升机。

XV-15 是 20 世纪 70 年代末由美国航空航天局和国防部主持开始研制的，机身看上去像一架小型喷气公务机，在机翼根部装有两个大型旋翼

实现首次试飞之后的十多年里，V-22 事故频频，7 架原型机坠毁 4 架，使其命运大起大落，成为美国航空装备史上争议最大的机种之一。经过漫长的试验和验证，直到 2005 年 9 月才获准进入全速生产阶段。目前主要有 3 种型号：海军陆战队 360 架 MV-22A，用于取代正在服役的 CH-46 和 CH-53；海军 48 架 HV-22A，用于取代 HU-3 直升机；空军 50 架 CV-22A，用它为特种作战部队提供新的全球范围作战能力，使美军真正具备"全球自部署能力"。

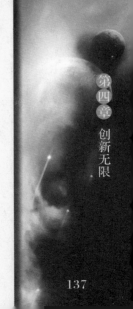

第四章 创新无限

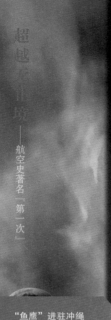

超越环境

——航空史著名"第一次"

"鱼鹰"进驻冲绳

2012年，日美达成协议，即MV-22"鱼鹰"进驻冲绳，双方同意该机"低空飞行训练的高度要限制在150米以上，同时还要避开人口密集的地区"。但是由于普天间基地位于冲绳群岛宜野湾市中心，只要飞机起飞，噪声、空气污染和危害公共安全的情况根本无法避免，致使数以十万计的居民一再举行抗议，要求美军搬出这个基地。日美双方进行了多次协商，但基地迁移工作进展缓慢，成为日美两国间重要的双边问题之一。

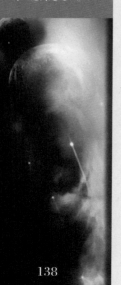

据称，"鱼鹰"可满足30余种任务需求，主要执行突击作战、突击支援、战术空运以及战斗搜索与救援任务，特别适于遂行特种作战、缉毒和反恐行动。2008年3月，贝尔和波音公司获得一笔为期5年、价值104亿美元的合同，为美国空军和海军陆

美国V-22倾转旋翼飞机

战队制造167架V-22，已于2014年交付完毕。2013年6月又获得军方第二个5年合同，生产99架"鱼鹰"，价值65亿美元。截至2013年在美军服役的"鱼鹰"达214架。2015年7月14日，美国向日本出售5架V-22，价值3.22亿美元，使日本成为该机第一个国外用户，有可能帮助V-22打开全球销售局面。其他潜在用户包括以色列、英国、法国、加拿大、沙特阿拉伯、意大利、巴西、新加坡等。

"尾座"式垂直起落试验机

"尾座"式是20世纪50年代出现过的一种垂直起落飞机形式，即飞机停在地面上时就机头朝天，垂直放置。飞机用普通布局，但有几个轮子装在水平尾翼和垂直尾翼后端翼尖上作为起落架。起飞时拉力超过它的重量即可垂直上天，然后操纵飞机下俯，转为平飞姿态。着陆前飞机也要从平飞转为垂直向天姿态，然后减少功率或推力缓慢垂直降落。比较有名的例子是：1950年美国海军招标研究"在已投入使用的战斗机型基础上发展垂直起落飞机的可能性"。共有6家公司提出了8项建议，海军从中挑选的两种设计方案——康维尔公司的

康维尔公司的XFY-1"高跷"

XFY-1（绰号"高跷"）和洛克希德公司的XFV-1（绰号"鲑鱼"），都是"尾座"式。经过一番试验，到1955年两项计划都被取消了，主要原因在于：缺乏有足够功率的发动机和可靠性好的涡轮螺旋桨，没有熟练操纵这种飞机的飞行员，飞机性能与常规战斗机的差距越来越大等。

F-35B

美国 F-35 "闪电" II 是从 "联合攻击战斗机计划" 发展来的，包括
F-35A、B、C 三个型别，其中 F-35B 是短距 / 垂直起降型，从技术上
说是分别吸取了之前英国 "鹞" 和俄罗斯雅克 -141 营养的最新成果。

F-35B 成功的诀窍是创新的动力装置。它的发动机可以产生 182 千
牛的动力，是 "鹞" 的发动机动力的 1.9 倍。位于尾部的三元矢量喷口
的偏转范围为 0 度到 95 度，当飞机在空中进行盘旋飞行的时候，发动机
的动力全部向下引导，配合升力风扇的升力，使 F-35B 可以轻松自如地
在空中悬停。发动机还包括一套前所未有的轴驱动式升力风扇系统，即

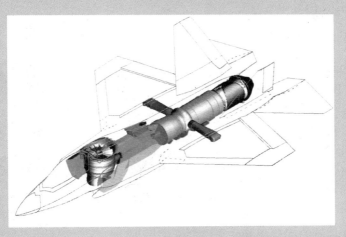

F-35 发动机

从主发动机的中心伸出一根传动轴，带动置于前机身的升力风扇工作。
F-35B 背部有一个 "大天窗"，它是升力风扇的进气口。升力风扇的排
气口也可以在向前 15 度至向后 30 度之间的范围转动。短距起飞和垂直
降落时，主发动机通过离合器、传动轴驱使升力风扇高速转动以产生升力，
飞机的控制喷嘴在计算机的控制下调节飞机的平衡。与此同时，尾喷口
也进行偏转，与前方协调地向下方或后下方排气，推动飞机上升和前进。
飞机转至水平飞行时，将连接轴断开，关闭升力风扇，尾喷口转向后方，
推动飞机加速飞行。

依靠这套前所未有的轴驱动式升力风扇系统，F-35B 获得了进行垂
直 / 短距起落所需的升力和控制平衡的手段，又避免了苏联雅克 -141 装
专用升力发动机而背上 "死重量" 的致命缺点。

雅克 -141

雅克 -141 是苏联
雅克夫列夫设计局研
制的世界上第一种超
声速垂直 / 短距起落战
斗机。原准备接替服役
多年的雅克 -36 搭载
在轻型航母上，用于舰
队防空、对地面和海上
目标实施攻击、近距空
中支援。该机采用了大
量先进技术，如三余度
数字式全功能电传操
纵系统、占机身结构
质量 26% 的复合材料，
使其性能和作战效能
大大超过了雅克 -36，
打破了许多由 "鹞" 创
造的世界纪录。首架原
型机于 1989 年 3 月试
飞，随后由于政局变化
和经济困难无力支撑，
导致该项目半途而废。

第四章 创新无限

文武双全

　　文武双全的人才寥若晨星，文武双全的飞机堪称传奇。20世纪30年代美国道格拉斯公司研制的DC-3就是这样一种传奇，它在设计上广泛采用当时最先进的技术，经济耐用，长盛不衰，给空中旅行带来革命性的变化，成为各航空公司第一只仅靠客运就能赚钱的"金饭碗"。

波音的失误

　　1933年2月，波音247首次试飞，被认为是世界上第一架现代化客机。它几乎具备了现代飞机的所有特征，如全金属结构、下单翼、双发动机布局，有自动驾驶仪、液压防冰装置、可收放的起落架和桨距可调的螺旋桨。波

波音公司研制的247型客机

音247把美国大陆东西海岸之间的旅行时间从28小时缩短到20小时左右（途中需落地7次）。

　　可惜，这么先进的飞机只生产了75架。为什么？这里有一个故事，也反映出波音公司决策人在销售战略上的一次重大失误，其后果是波音公司随后二三十年时间在客机市场上一直落后于对手道格拉斯公司。

　　原来，波音247问世之后，受到各航空公司的欢迎，使波音公司有了"肥水不落外人田"的想法，他和同属于一个集团的联合航空公司签订合同，75架飞机全部交付完毕之后才能向其他公司供货，正是这种"自己造的飞机自己用"的小农经济思想逼得其他航空公司只好另找出路：要求别的公司研制能和波音247相抗衡的飞机。

　　当年，和联合航空公司处于激烈竞争中的环球航空公司（TWA）在

要求购买波音 247 遭到拒绝的情况下，只好向各飞机制造商发信，招标设计新客机。TWA 对新客机提出的设计要求是：全金属结构、三台发动机、载客 12 人、航程 1600 千米、飞行速度为 230~250 千米/小时、装有先进的设备。

道格拉斯后发制人

道格拉斯公司是 1920 年 7 月成立的，只比波音公司晚成立 4 年。1924 年该公司生产的"世界巡航者"，用 175 天完成了第一次环球飞行，使公司有了一定的知名度。20 世纪 30 年代初，公司由于缺少订货，财政上正处于危急时刻，TWA 公司的招标信无疑是雪中送炭。在讨论中，道格拉斯总裁认为，TWA 公司提出的设计要求过于保守，根本无法与波音 247 竞争。他说："以公司现有的实力，达到 TWA 的要求并不难，但我们的目标是要超过对手，尤其是波音公司的波音 247。"最后道格拉斯公司大胆地决定"瞄准对手，参照波音 247，拿出一个既符合 TWA 的要求，又超过波音 247 的方案。"新方案全面吸收了波音 247 的优点，只装两台发动机，外形呈流线形，带有可收放的起落架，其他指标与 TWA 的要求一致。道格拉斯心里明白，这架飞机如果成功，将超过波音 247。

1932 年 11 月 18 日，TWA 与道格拉斯公司签订研制 DC-1 的合同，第一架飞机 12.5 万美元，以后 10~20 架每架 5.8 万美元（不包括发动机）。

1933 年年中，DC-1 的样机装配完毕。这是一架身长 18.3 米、翼展 25.9 米的全金属客机。机身两侧各有一台功率 530 千瓦的发动机，巡航速度 320 千米/小时，航程 1600 千米。机体呈流线形，机舱内部舒适，可载客 12 人。舱内还加装了隔音装置和暖气系统。经过试飞，证明 DC-1 取得了巨大的成功，特别是单发起飞、飞行和降落在当时是罕见的。

DC-1 只生产了一架。投入批量生产的是座位数增加到 14 个的 DC-2（1934 年 5 月 11 日首次试飞），累计生产 193 架。

DC-3 的军用型叫 C-47，数量比 DC-3 大得多，在第二次世界大战中发挥了重要作用

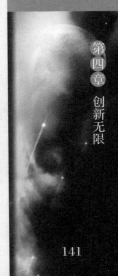

第四章 创新无限

1935 年，美利坚航空公司要求研制一种 DC-2 的改型，能让乘客像坐火车卧铺那样夜里睡觉。道格拉斯公司研制了比 DC-2 更长、更宽的机身，上下两层，各安排 7 张床，成为"道格拉斯卧铺运输机"。该机 1935 年 12 月 17 日首次试飞，其不飞夜航的白天型称为 DC-3，能安排 21~28 个座位，比同样长度的 DC-2 多载客 50%~100%。DC-3 成为世界航运史上第一种让经营者不靠补贴或运送邮件、只靠运客就能赚钱的航班飞机。

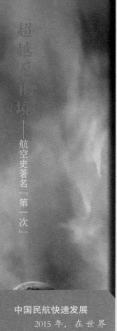

中国民航快速发展

2015 年，在世界经济复苏艰难、国内经济下行压力加大的情况下，中国民航逆势走强。整个"十二五"（2010—2015 年）期间，民航安全运送旅客达 18 亿人次。2015 年，旅客运输量达约 4.4 亿人次，同比增长 11.4%，旅客运输量占国内综合交通运输市场份额约到 2.0% 左右。"十二五"期间，中国民航机队规模由 2607 架增至 4511 架；运输机场由 175 个增至 206 个；国际航线由 302 条增至 660 多条，通航 56 个国家和地区的 138 个城市。迄今，中国航空运输规模稳居全球第二，成为仅次于美国的全球第二大航空运输系统。

1938 年，全球几十家航空公司在飞 DC-3，这是法国航空公司的 DC-3

DC-3 的上市导致客运成本降低，刺激了美国航空运输业的发展。1936 年到 1939 年第二次世界大战爆发前，美国空运量增长 400%。1939 年达到 300 万人次（有统计，这一年空运作业的 95% 是用 DC-3 完成的），1940 年达到 400 万人次。1941 年空运周转量比 1935 年增长 5 倍。

到 1938 年，除美国的航空公司以外，全球有 30 多家航空公司在飞 DC-3。1939 年，全世界 90% 的空中客运是由道格拉斯飞机完成的，其中主要是靠 DC-3。可以毫不夸张地说，DC-3 的问世是民用航空史上的一个重大的里程碑。它不但使民航终于在世界范围内确立了地位和赢得了声誉，也进而通过立体化交通运输体系的建立使世界面貌发生了根本性变化。

20 世纪 30 年代末，战争临近。美国军方先是征用 DC-3，后来就大批订货，军用编号五花八门，不下百余种，但主要是 C-47（美国陆军）、RD（美国海军）、"达科他"（英国空军）、里 -2（苏联）。军用型

DC-3 的驾驶舱

的修改主要是：采用大的双货舱门，地板加强，靠过道的座椅改成可折叠的板凳，起落架更加坚固。

第二次世界大战期间，盟国使用的 C-47 和苏联的里 -2 均成为主要军用运输机，在欧洲、非洲、亚洲各条战线的主要战役中大显身手。例如，1944 年 6 月 5 日午夜，盟军首批空降部队共 24 个伞兵营，17210 人，分乘 1052 架 C-47 型运输机，从英格兰南部地区的 15 个机场起飞，在目标地区空降，对诺曼底登陆战役的胜利发挥了重要作用。后来 C-47 在 1948 年柏林大空运中 C-47 也起了重要的作用。

DC-3 是迄今生产数量最多的飞机之一，道格拉斯公司在圣塔莫尼卡、长滩和奥克拉荷马 3 家工厂共生产了 10655 架各型 DC-3（其中以 C-47 为主的军用运输机超过 10000 架），在苏联和日本还分别仿制了 4863 架和 487 架。DC-3 还是名副其实的"长寿飞机"，有人统计，截至 2010 年，距离 DC-3 首次试飞已经过去了 75 年，世界各地还有不下 300 架在使用中。

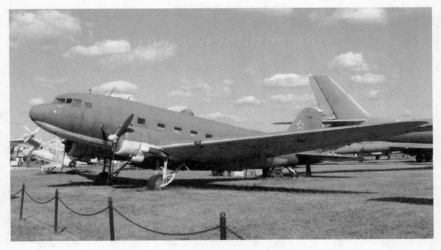

这架苏联仿制的 DC-3 叫里 -2，存放在莫斯科莫尼诺航空博物馆里

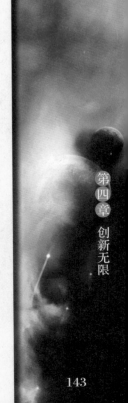

诺曼底登陆

诺曼底登陆（代号"霸王行动"）是第二次世界大战中盟军在欧洲西线战场发起的一场大规模攻势，从 1944 年 6 月 6 日开始，到盟军最终成功建立滩头堡，直至 1944 年 8 月 25 日解放巴黎，宣告诺曼底战役结束，是迄今世界上最大的一次海上登陆作战。登陆前一天晚上，空降兵空降作战、大规模的空中轰炸就开始了。整个战役中，参战的空军作战飞机多达 13700 架，其中轰炸机 5800 架、战斗机 4900 架、运输机滑翔机 3000 架。

第四章 创新无限

143

进入西藏的航线

新中国成立后，为了促进西藏地区繁荣，加强西藏与全国其他地区的联系，国家给空军和民航下达开辟北京—拉萨航线的试航任务。1956 年 5 月 26 日，空军伊尔-12 试航北京—拉萨航线成功。1956 年 5 月 29 日，民航 CV-240 试飞成都—玉树—拉萨航线成功，两次飞行都突破了"空中禁区"，创造了我国航空史上的奇迹。1965 年 3 月 1 日伊尔-18 开始执行北京—成都—拉萨航班任务，迄今安全运行超过 50 年，已累计完成旅客吞吐量 2471.64 万人次，成为西藏经济社会发展的一个缩影。2015 年，运营西藏航线的航空公司增至 9 家，航线数增至 58 条，通航城市达 38 个，2015 上半年，民航西藏区局完成旅客吞吐量 155 万人次，保障航班起降 16549 架次，完成货邮吞吐量 11909.2 吨，同比增长分别为 17.2%、19.3%、3.8%。

DC-3/C-47 在中国

20 世纪 40 年代，DC-3/C-47 在中国广泛使用，留下不少脍炙人口的故事。

1941 年 5 月，中国航空公司一架 DC-3 由重庆飞往成都途中被日机截击，迫降宜宾，飞机右翼被炸毁，因当时没有备份机翼可用，便找到一个 DC-2 的右翼勉强装上，成为一架左翼长右翼

这架一边装了 DC-2 机翼的 DC-3 是鼎鼎大名的 DC-21/2

短的特殊飞机，靠驾驶员高超的技术，该机经桂林转返香港基地。那架飞机后来被称为 DC-21/2。

根据战时"租借法案"，中国空军获得一批 C-47，其中一架成为蒋介石的专机，称"美龄号"。

中美两国共同抗击日本法西斯而开辟的"驼峰航线"是世界战争空运史上持续时间最长、条件最艰苦、付出代价最大的一次悲壮的空运，执行"驼峰航线"飞行任务的飞机主要是 DC-3 和 C-47/53 等军用型。

1945 年 8 月 25 日，中共中央由叶剑英出面，从美军驻延安观察组借用一架 C-47 运输机，实施了一次特别空运行动：从延安运送邓小平、刘伯承、林彪、陈毅等 20 余名高级将领抵达晋东南黎城县长凝镇简易机场，使他们得以及时返回前线。这次冒险的空运行动，在我党历史上是空前绝后的，使本来需要大约两个月才能完成的运送任务几个小时就完成了，对中国革命的前途和命运，产生了不可估量的影响。

刘伯承、邓小平、陈毅、聂荣臻、陈赓、萧劲光、滕代远等上机前的合影

1946 年，重庆国共谈判期间，毛泽东主席为首的中共代表团多次乘坐 C-47 往返延安—重庆。

解放战争中缴获的加上起义的 C-47 共 20 多架，成为中国人民解放军空军早期主要运输机，曾用于开辟进入西藏的航线。

新中国第一、二批女飞行员都是在里-2（苏联仿制的 C-47）和 C-47 上开始执行任务的。

中国航空博物馆的一架 C-47（XT-115 号）系两航起义中的一架飞机，现按 1945 年 8 月 28 日毛主席飞赴重庆时的样子喷饰，属国家重要文物。

中国航空博物馆保存的一架 C-47

DC-3 的结构超强和耐用记录

DC-3 标定载客人数是 21 位，但不断有新的纪录产生，说明该机之"皮实"：1942 年 4 月 22 日，中国航空公司陈文宽驾驶 DC-3 送空袭东京后返回重庆的杜立特一行去印度加尔各答，途中遭遇日本战机，陈文宽决定落地

C-47 生产线

缅甸密支那加油，而此时密支那的日军向机场发动攻击，DC-3 在未加上油的情况下再次紧急起飞，在起飞前，逃难的缅甸人蜂拥而上，挤满了机舱，事后查明这次飞行飞机上共有 78 人；1949 年，玻利维亚地震救援行动中一架飞机上挤了 93 个人（很多是小孩）；1975 年 3 月，一架 DC-3 从越南某地飞往西贡，机上带了 98 名孤儿，加上其他人一共 106 人。

DC-3 还创造不少耐航纪录：美国东方航空公司的 DC-3 飞行时间累计达到 2227863 小时，航程达 83584318 英里（约 13451.6 万千米），相当于环绕地球飞了 3343 次，或者从地球到月球往返飞行 175 次。在美国国家航空航天博物馆里，1952 年开始展出东方航空公司的一架 DC-3(NC 18124)，该机从 1937 年到 1952 年累计飞行 56758 小时、航程 850 万英里(约 1360 万千米)，相当于在空中待了 6 年半。

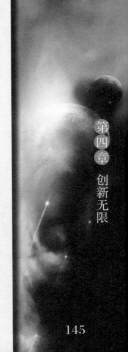

陈文宽

　　陈文宽，1913 年出生于广东台山县，10 岁时随父亲到美国，后在美国学习飞行。20 世纪 30 年代初回到中国，1933 年 1 月加入中国航空公司，1942 年 6 月驾驶 C-53 勘察开辟了驼峰航线，成为飞越驼峰航线的第一个中国机长。此后他冒着生命危险参加驼峰空运，数百次飞越驼峰。他还曾经担任国民政府专职飞机驾驶员及蒋介石的专机驾驶员。抗战胜利后，陈文宽在台湾改投中央航空公司，后任副总经理。1951 年在台湾创建复兴航空公司，退休后移居美国旧金山。晚年，陈文宽多次回到中国大陆，参与驼峰飞行纪念活动。

第四章

创新无限

三驾马车

第二次世界大战的结束，给民用航空运输带来新的机会。1946年，全球空运旅客达到1800万人次。但当时主要使用的活塞飞机，不仅速度慢，而且由于飞行高度低，飞机受气流影响大，遇到天气不好时，不少乘客呕吐不止，十分难受。大战时期遍布世界各地的大型机场为战后民航迅速发展创造了条件，特别是喷气发动机的出现和应用，为民航客机喷气化奠定了基础。战后，英国、苏联和美国研制的三种喷气客机率先问世，绝非偶然。

英国"彗星"先下手为强

第二次世界大战前，英国是航空运输和技术开发的大国。第二次世界大战的爆发，一度使其民用航空放慢脚步，但是战后的民航市场没有被遗忘。出于对战后可能丧失民航市场的担心，英国政府在1943年2月就成立了一个以飞机生产大臣布拉巴宗为首的委员会，目的是调查战

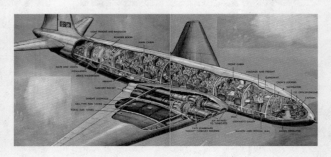

"彗星"飞机结构布局示意图

后英国客机市场的需求。经过调查和分析，委员会提出需要开发4种类型的飞机，并分别落实了制造商。

作为《布拉巴宗报告》的成果，英国搞出两种喷气飞机，成为民航第一个进入喷气时代的国家。

第一种是采用燃气涡轮发动机的"子爵"号，装4台涡轮螺旋桨发

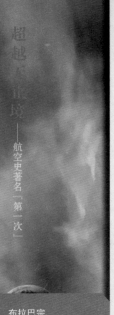

布拉巴宗

莫尔·布拉巴宗（1884—1964年），1909年5月成为英国驾机升空的第一人。第一次世界大战期间参加了皇家飞行军团。1918年当选保守党下院议员，第二次世界大战期间曾任英国运输大臣、飞机生产大臣。1943年2月以布拉巴宗为首的委员会，调查战后英国民用客机市场的需求，并提出需要开发4种类型的飞机，1944年组织分头实施，最终开发出"布拉巴宗"、"大使"、"子爵"、"布里塔尼亚"、"彗星"等型号，但是大多数不成功。

动机，1948 年 7 月首次试飞，1950 年 7 月取得适航证，第二天就在伦敦—巴黎航线上开始航班飞行。"子爵"号有 –630、–700、–800 等几种不同型别，分别载客 40、53 和 70 人，总共生产了 444 架。

"彗星"喷气客机

第二种是装纯喷气发动机的"彗星"号，1949 年 7 月 27 日首次试飞。随后一年的试飞中该机创造了一系列飞行纪录，平均时速超过 675 千米，吸引了许多的航空公司订货。

"彗星"机身细长而光滑，下单翼，机翼后掠 20 度，给人以速度高、形体美的印象。机身和翼展都超过 35 米，机高 9 米，装 4 台推力各 2018 千克的涡轮喷气发动机，机上还安装了机载雷达、防冰和防火设备、新型导航设备等。飞机的客舱采用增压密封式，使乘客在高空飞行时十分舒适。

1952 年 5 月 2 日，"彗星"的第一个定期航班载着 36 名乘客从伦敦出发，在罗马、贝鲁特、喀土穆、恩德培、利文斯顿经停后，最后到达南非约翰内斯堡，以约 788 千米 / 小时的速度巡航，飞行距离 10821 千米，全程仅 23 小时 34 分钟，把飞行时间缩短了一半。

但是，前进的道路并非一帆风顺，从 1952 年 10 月到 1954 年 4 月的 18 个月里，在给 4 家航空公司交付的 17 架"彗星" 1 型中，有 6 架相继发生事故，总共 99 名旅客和机组人员遇难。"彗星"连连陨落，震动了世界。于是，一种恐惧的心情在各地弥漫："人类坐那么快的飞机是'反自然'"、"人类不适宜在那样的速度中生活"。面对举世瞩目的空难，英国首相丘吉尔下令，要不惜一切代价，搞清飞机空中解体的原因。为此，英国海军出动舰队，从上百米深的海底打捞起失事飞机的残骸，送到皇家航空中心进行研究。经过几年努力，终于查清事故是由于金属疲劳断裂问题引发的。从此，力学领域增加了一门新学科——疲劳力学，飞机设计也增加了防止

"彗星"事故后，英国皇家飞机研究院建造了一个水池，能够容纳整个客舱，以研究金属疲劳问题

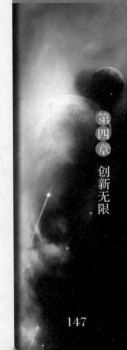

疲劳力学

　　疲劳力学是固体力学中的一个重要分支，主要研究疲劳机理、累积损伤规律和裂纹扩展规律，以提高结构的抗疲劳性能和准确估计结构的疲劳寿命。这里疲劳是指在循环载荷（应力）作用下，发生在材料或结构某点的局部、永久性损伤的递增。经过足够的应力（或应变）循环周次后，损伤累积可使材料或结构产生裂纹，并使裂纹进一步扩展至完全断裂，称为疲劳破坏。疲劳是包括飞机在内的一切工程机械的一个致命杀手。根据资料统计，机械零件破坏的 50%～90% 均为疲劳破坏。另有报道，疲劳失效占飞机喷气发动机全部构件破坏的 49%。

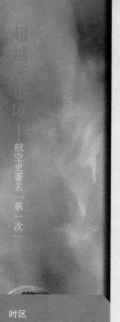

疲劳断裂的新标准。1958年10月，查清事故原因后经过改进的"彗星"4型投入使用，尽管技术上没有问题，但此前的多次事故在人们心里造成的阴影挥之不去，更重要的是美国生产波音707和DC-8并抢占了市场，到1964年"彗星"停产，该机型总共生产了115架，1980年全部退出商业航班飞行。

回顾布拉巴宗委员会所建议的飞机类型，大部分是失败的。主要原因是，所有设计都是为一两家用户——英国海外航空公司或英国欧洲航空公司考虑的，因此对其他航空公司没有什么吸引力。此外，它们没有照顾到航线飞机逐步普及后运输容量的快速增长，而只考虑当时能付得起空中旅行的高昂费用的有钱人。

"彗星"4型首次投入使用

苏联客机不甘人后

1952年5月"彗星"投入运营时，苏联正在编制1956-1960年的第六个五年经济计划。"六五"要求空运量比"五五"增加4.5倍，达到4480万人，货运周转量增加2.6倍。然而当时使用的客机主要是里-2（仿制美国的DC-3）、伊尔-12和伊尔-14等活塞飞机，最大载客量不超过32人，远远不能满足需求。为了提高国家声望以及在跨11个时区的辽阔国度缩短旅行时间，斯大林要求苏联飞机工业研制一种能和英国"彗星"媲美的喷气客

抵达伏努科沃机场的图-104

珍藏在苏联空军莫尼诺博物馆里的图－104

民航客机的 10 个 "第一"

　　1. 英国德哈维兰公司 "彗星"，第一架商用喷气客机

　　2. 法国南方航空公司 "快帆"，第一架双发喷气客机、第一架发动机后置喷气客机、第一架短－中程喷气客机

　　3. 美国波音 707，第一架远程四发喷气客机

　　4. 美国波音 747，第一架宽体喷气客机，开创了空中旅行的新时代

　　5. 欧洲空客 A300，空中客车公司的第一架飞机，也是第一架短－中程双发宽体喷气客机

未来飞翼式客机设想图

　　6. "协和" 号，欧洲英、法联合研制的第一架声速喷气客机

　　7. 欧洲空客 A320，第一架采用电传操纵系统的喷气客机

　　8. 欧洲空客 A340，空客第一架远程喷气客机

　　9. 美国波音 777，第一架超远程喷气客机

　　10. 欧洲空客 A380，有史以来最大的喷气客机

第四章　创新无限

机。任务落实给图波列夫设计局，很快，他们在新研制的图–16双发喷气轰炸机的基础上，发展出图–104。可以说，该机是图–16的机翼、尾翼、发动机和起落架嫁接上一个载客的机身。图–104于1955年6月首次试飞，虽比波音707的原型机晚一年，但1956年就投入使用，比707还早了两年。

1956年3月22日，苏联一架喷气飞机在伦敦希思罗机场着陆，随机前来的是苏联情报机构"克格勃"的头头，要为即将访问英国的赫鲁晓夫做安全准备。这是图–104飞机试飞计划的一部分，也是它第一次在西方亮相。图–104这次"伦敦之行"，图波列夫本人也是代表团成员之一。飞机到达伦敦引起的轰动和众多媒体给予的关注，使他十分高兴。后来他说，这次活动"给苏联民航持续落后于西方的说法画上了一个句号"。

图–104于1956年9月首次开通莫斯科—伊尔库斯克航线，到1956年底还飞第比利斯、列宁格勒、萨哈林。从列宁格勒到萨哈林只需8.5小时飞行时间加上两次1小时的中途经停，而原来用里–2或伊尔–14需要飞28小时，外加9次落地经停。对于苏联民航来说，图–104投入使用意味着从以里–2等活塞飞机为代表的20世纪30年代的航空技术向前迈出了一大步。

包括两架原型机在内，图–104共生产了203架。到1960年，苏联民航的1/3旅客是由图–104完成运送的，服役头10年里，图–104共运送旅客2800万人次。直到改进的"彗星"4型和波音707于1958年投入使用，图–104在两年多时间里是世界上唯一服役的喷气客机。

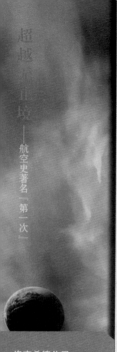

洛克希德公司
　　最早创建于1912年的洛克希德公司是一家美国飞机制造商，1995年与马丁·玛丽埃塔合并，更名为洛克希德·马丁公司。在整个第二次世界大战期间共生产了19278架飞机，包括9000架P–38"闪电"、2600架"文图拉"、2700架B–17"飞行堡垒"、2900架"哈得逊"，占战时美国飞机制造总量的6%。"臭鼬工厂"是公司的高级开发部，主要产品有P–80、F–104、U–2、SR–71"黑鸟"和F–117"夜鹰"。公司还以生产C–130"大力神"、C–5"银河"运输闻名于世。生产过的民航客机有"伊列克特拉"、"星座"及L–1011等，目前均已经退出民航市场。

波音707的原型机

波音客机飞遍全球

波音公司研制喷气客机的想法是在英国率先推出"彗星"的刺激下萌生的。对于主要靠轰炸机赚钱的波音公司来说，改行进入民用客机市场是一次巨大的挑战，无异于一场赌博，面对社会上对喷气飞机的疑虑和道格拉斯、洛克希德等老牌民机公司的竞争，能否赢得市场完全是个未知数。

经过几年的犹豫和权衡，到1952年4月波音公司董事会终于决定投资1600万美元研制喷气运输机的原型机。有人提议把飞机命名为"喷

1958年10月26日，泛美航空公司率先使用波音707飞行纽约至巴黎的航线，全球民航开始进入"喷气时代"

气式同温层飞机"，但公关部却认为要用简短、有特色的型别编号来命名，以适合产品宣传，最终飞机被命名为"波音707"。当时为了不张扬，以军用机代号367-80（也叫"先锋-80"）打掩护。1954年5月15日367-80出厂，那天72岁高龄的波音也应邀出席，当飞机滑出机库时，这位波音公司的缔造者热泪盈眶。眼前的367-80和他30多年前创业之初制造的第一架B&W水上飞机简直有天壤之别。

1954年7月15日，367-80首次试飞，只用17秒滑跑了640米飞机就冲上蓝天，这标志着波音公司从此进入了喷气时代。在波音707上，波音公司采用了很多技术创新：为了减少飞机起飞时的噪声，在喷气发动机上安装了一种吸收噪声的新装置；为了缩短着陆滑跑距离，在发动机上安装了贝壳形的反推力装置；为了满足美国民航局对抗鸟撞能力的要求，设计了"鸟撞试验"，即用经过改装的加农炮射出一只死鸟，迎

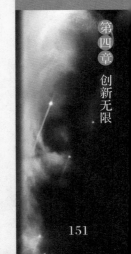

面撞在驾驶舱的风挡玻璃上，从而能检验出驾驶舱玻璃在飞行中耐受撞击的能力。

在销售波音 707 的过程中，波音公司遇到很大的挑战。过去 20 多年美国民用客机市场一直是道格拉斯公司的天下。就在波音公司研制707 的同时，道格拉斯公司宣布启动 DC-8 喷气客机计划。DC-8 与波音 707 外形相似，但稍大些，对航空公司来说这意味着经济效益会更好。道格拉斯公司利用各航空公司对它的信任，打出的口号是"稍等一下，可以买到更好的飞机"。为了推销波音 707，波音公司的销售人员不惜工本、不遗余力，终于有了可观的收获。据 1957 年秋天统计，波音 707的订单是 145 架，而 DC-8 只有 128 架，也就是说，初次涉足民用飞机市场的波音公司一举击败了民航业的老霸主。更令人高兴的是，1959 年5 月一架波音 707-320 型被改装成"空军一号"，成为美国总统的专机，

1959 年一架波音 707-320 型被改装成"空军一号"，成为美国总统的专机

开始了波音飞机伴随美国总统飞遍世界的时代。

波音 707 尽管只是世界上第三种上天的喷气客机，但它却是第一种真正取得商业成功的飞机，它使世界民用航空发生了一次革命性的变化，把洲际旅行的时间几乎缩短了一半。由于喷气飞机没有了螺旋桨造成的机身振动，加上能飞得更高，因此旅客在旅行途中的舒适程度大大提高。飞机的可靠性和相对低廉的票价，使越来越多的普通百姓也能享受空中旅行。据国际航联公布的资料，1957 年乘飞机旅行的人数比 20 年前增加 36 倍，仅在美国就达到 4500 万人次。

波音 707 投入使用之后，有很多改型，截至 1978 年停产，各型波音 707 一共生产了 1010 架。

飞机上的第一位空姐

在飞机上的女乘务员，通称空姐或空嫂，一度是极富吸引力的女性职业。民用航空运输业是第一次世界大战后起步的，在 20 世纪 20 年代有很大发展，当时的飞机没有现在的大，也没有专职服务员，服务工作由副驾驶兼顾，常常因服务不周到而遭到投诉，使航空公司大伤脑筋。

1930 年春天，美国一位叫艾伦·丘奇的女护士在和住院治疗的波音航空运输公司（后并入联合航空公司）旧金山办公室主任斯廷森闲聊中，得知航空公司正在为没有专职服务员而苦恼，她灵机一动，向斯廷森建议招聘女护士上飞机当专职服务员，让她们协助抚慰乘客对飞行的恐惧心理。丘奇说："我当了多年的护士，我有体会，妇女的天性是可以胜任这项工作的……"斯廷森对丘奇的建议很感兴趣，第二天就发电报向总部请示，得到的回答是，先招 8 名空中小姐试用 3 个月。

世界上第一位空姐艾伦·丘奇

作为这一建议的首倡者，丘奇第一个接受招聘，接着由她负责又招聘了另外 7 名女护士，组成世界上第一个机上服务组。丘奇为第一个女乘务组设计了工作服。她们每次登机服务，身穿白色制服，在地面上则着绿色毛料斜纹套裙。当时招聘的条件是：单身，25 岁以下，体重不超过 52 千克，身高不超过 1.63 米，性格应"积极主动，充满自信"。

据当时的记载，空中小姐的任务是除照顾乘客外，还要检查机上座椅固定是否牢靠，不让乘客向飞机窗外丢废弃物，满足乘客的一般需求，特别是提醒旅客不要错把洗手间的门当成出口。飞行结束后，空中小姐的工作还没有结束，需要的话，还要帮助搬运行李、加油和协助飞行员把飞机推进机库。空中小姐每月工作约 100 小时，报酬是 125 美元。

1930 年 5 月 15 日，联合航空公司由丘奇领导的第一个空乘组在从旧金山奥克兰到芝加哥的航线（距离 3436 千米）第一次上岗，波音 80A 飞机上带着 14 名乘客，开始一次 20 小时的旅程，中间要停 13 次，速度只有 200 千米 / 小时。此后，这条航线生意十分兴隆，世界上其他航空公司也纷纷群起而效仿。空姐作为一项职业，也就在各地迅速流行起来。

为纪念那次历史性航班飞行 80 周年，联合航空公司在 2010 年 5 月 15 日用波音 767 飞行同一条航线，带着近 240 名乘客，速度 848 千米 / 小时，仅 4 个多小时就完成了。

80 多年过去了，今天，全世界空姐加在一起，是一支不下几十万人的大军，她们为乘客献上温馨的服务，使各国人民在交往中增多一份美好的回忆。

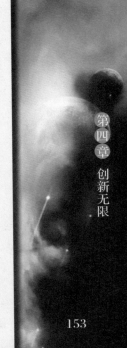

波音 80A

波音公司 20 世纪 20 年代为自己的航空公司——波音航空运输公司研制的一种三发双翼机，是美国首架专为提供定期民航服务而设计的客机，内设皮椅、阅读灯和热水，封闭式驾驶舱，能载 3 名机组人员、18 名乘客和 408 千克货物。1928 年 7 月 27 日首次试飞，当年投入使用，到 1934 年退役，共生产了 16 架，飞机单价 7.5 万美元。

第四章 创新无限

客机王朝

    1954 年 5 月 14 日是一个值得纪念的日子。那一天，波音 367-80 出厂，这是波音公司第一种喷气客机波音 707 的原型机，1954 年 7 月 15 日首次成功飞上蓝天。它不愧是名副其实的先锋，如今在它身后构筑起一个庞大的"波音客机王朝"，在各国服役的大、中型客机就有 12000 多架，约占全球民航机队的 75%。

百年波音

    20 世纪 60 年代，喷气客机成为高速度的代名词。乘喷气客机从纽约到洛杉矶的飞行时间由过去的 8 小时减为 5 小时多。当年法国滑稽剧《波音·波音》经改编后在百老汇演出。故事发生在螺旋桨飞机即将被淘汰的年代。有 3 名空姐在巴黎合租一个房间。她们安排好各自的航班时间，这样，每次房间里只住一个人。喷气客机出现后，高速飞机打乱了她们的时间安排，结果发现她们的男朋友竟是同一个人。

波音公司的创始人威廉·波音

威廉·波音

    波音全名叫威廉·爱德华·波音，1881 年生于美国密歇根州底特律，是波音公司（全名美国波音航天航空公司）创始人、著名企业家和飞机设计师。波音自幼在瑞士求学，后回美国读中学和大学，但他未从著名的耶鲁大学毕业就离校而去，跟随其父从事木材生意。波音本人喜爱机械，进入航空业属于大器晚成。

    波音公司成立于 1916 年，只比莱特兄弟发明飞机晚 13 年，即将迎来百年华诞。100 年间，不少与波音公司同时代诞生、历史上曾经赫赫有名的飞机公司先后被兼并、破产、倒闭而销声匿迹，而波音公司却傲然挺立、如日中天。这 100 年间，航空技术经历了翻天覆地的变化。波音公司自己的飞机就是一个最好的证明。

    在推动航空技术不断进步的过程中，波音公司自身也不断发展壮大，1916 年成立之初，波音公司的全部资产合计不到 46000 美元，全公司几十名员工每月薪资总额不到 1400 美元。今天，总部位于芝加哥的波音公司在美国境内及全球 70 个国家和地区共有员工超过 17 万，其中 14 万多人拥有大学学历。

波音公司最初的厂房兼办公室，今天它是西雅图飞行博物馆的一部分

100 年来，波音公司历任董事会主席，带领企业劈波斩浪、绕过险滩，从一家小作坊发展成今天全球最大的航空航天企业，除军用航空和航天产品外，它生产的喷气客机改变了全人类的生活面貌，使"地球变小了"。今天，波音公司是美国最大的出口商，作为为美国经济创汇的"龙头老大"受到格外关注。

波音公司除了已经停产的波音 707、717、727 和 757 外，目前仍在生产的主要喷气客机产品还有波音 737、747、767、777、787 五个系列。

2012 年 2 月，美国奥巴马总统访问了波音工厂，并在现场公布了鼓励美国加快发展制造业的政策措施

销售万架的波音 737

1965 年 2 月，为了扩大产品范围，波音公司决定研制短程喷气客机波音 737，1967 年 4 月 9 日首次试飞，仅半年就拿到了适航证，又过了半年，月产量增加到 14 架，订货量节节上升。

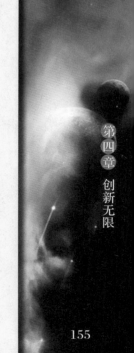

第四章 创新无限

155

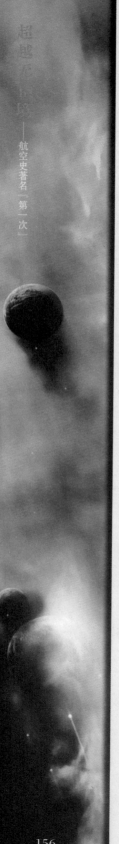

波音 737 旺销绝不是偶然的。首先，随着世界经济的发展，市场上需要这个档次的飞机。其次，波音公司在设计上不断改进，使之更适合用户的需要，能给用户带来更多的利润。

波音 737 迄今经历了四代：最初的基本型、20 世纪 80 年代的经典型、90 年代的"新一代"和眼下炙手可热的 MAX。基本型包括波音 737-100 和 737-200。经典型包括波音 737-300、737-400 和 737-500，最大的变化是采用新一代的 CFM56 涡扇发动机，代替老式的 JT8D，油耗降低 25%。前两代 2000 年已经停产，共生产了 3132 架。为了和空客公司推出的 A320 争夺市场，波音公司 1993 年 11 月启动新一代波音 737，包括 737-600、737-700、737-800、737-900 四个基本型号，换装推力更大、性能更好的 CFM56-7 发动机，并装备新型电子仪表设备，1997 年底开始交付使用。

由于在 150 座级窄体客机市场的争夺日益激烈，2011 年 8 月 30 日，波音公司宣布在现有新一代 737 的基础上进一步改进升级，启动 737MAX 计划，新系列包括 737MAX 7、737MAX 8、737MAX 9 三个型号，预计 2017 年投入商业运营。737MAX 最关键的改进是换装 CFMI 公司的 LEAP-1B 发动机，使 737MAX 能比目前效率最高的单通道飞机的油耗和二氧化碳排放下降 10%~12%，每座位使用成本比所有单通道客机中竞争对手低 7%。

目前在全球服役中的波音 737 有 5400 架，有 114 个国家和地区 358 家用户在飞波音 737，占当今各国民用喷气客机总数的 1/4 以上。

波音 747 出厂

截至 2015 年 11 月 30 日，各型波音 737 总销售量达 13038 架，已经交付 8807 架，还有 4231 架待交付。

庞然大物波音 747

到 20 世纪 60 年代中，喷气客机的迅速普及使空中旅行票价大幅下降，旅行人数激增。不少航空公司希望订购更大的飞机，而当时大推力发动机的出现也给研制大型飞机提供了条件。

泛美航空公司要求波音公司研制一架能带 400 名乘客的大飞机，航程 8000 千米，能在 2400 米以内起飞和着陆，巡航高度 10640 米，还要求能从机头装卸货物。

1966 年 4 月 13 日，泛美航空公司宣布以 5.5 亿美元订购 25 架大型飞机，这在当时是一笔数额十分巨大的合同。波音公司随即宣布开始研制波音 747。1968 年 9 月 30 日，第一架波音 747 出厂，从签订合同之

两次最严重的空难都和波音 747 有关

空难发生的次数并不多，但飞机发生事故格外引人关注。迄今，历史上两次最严重的空难都和波音 747 有关。

1977 年 3 月 27 日，一架美国泛美航空公司的波音 747 和一架荷兰皇家航空公司的波音 747 在西班牙拉斯

1985 年 8 月 12 日，日本航空公司的波音 747SR 撞山坠毁现场，520 人罹难

帕尔马斯机场发生地面相撞事故，致使 583 人死亡。

1985 年 8 月 12 日，一架日本航空公司的波音 747SR 飞机在东京机场起飞 12 分钟后撞山坠毁，机上 15 名机组人员和 509 名乘客中的 505 名死亡，全部死亡人数 520 名。

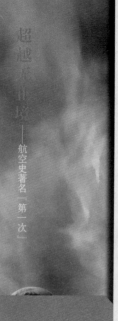

日算起，只用了不到30个月，被很多人认为是创造了"不可能的奇迹"。在出厂仪式上，26名不同国籍的空中小姐代表签订合同的26家航空公司出席了庆典。1969年2月9日波音747第一次试飞，1970年1月21日由泛美航空公司正式投入商业运营。

40多年来，波音747这款世界上第一种宽体客机除有747-100、747-200、747-300、747-400多种型号外，还有很多军事和政府专用的改型。2005年11月波音公司宣布开发波音747-8，为了增加载客量，机身增长至76.4米，将取代A340-600成为世界上机身最长的民航机。

对波音747最初估计最多能售出400架。但出乎人们的预料，2014年6月28日，波音公司向德国汉莎公司交付第1500架波音747，订货量为1537架。截至2015年11月底，总订货量为1539架，待交付的只有20架了。由于有了波音747，波音公司垄断大型客机市场30多年，直到2007年"空中客车"A380投入运营。总共投资10亿美元研制出来的波音747，加速改变了全人类的生活模式，它是美国最成功的出口商品，是各航空公司的"飞行造币厂"，也是波音公司历史上最值得自豪的产品。

节能经济的波音767

1973年第四次中东战争爆发，阿拉伯国家不满美国支持以色列的政

"能源危机"和油价飙升

飞机是靠烧油上天的。波音747上市的1970年，每桶油的油价为1.67美元。1974年，受第四次中东战争影响，国际油价突破每桶10美元，1976年"协和"飞机投入运营，油价已升至每桶11.51美元。2004年9月，由伊拉克战争引发的紧张局势拖累，国际油价突破每桶50美元。2008年1月2日，国际原油盘中价格突破每桶100美元。2014年上半年，伊拉克局势动荡曾将国际油价推高至每桶110美元以上；而进入下半年，形势却急转直下。油价升高对航空业有极大影响：有的航空公司因亏损导致破产，制造商千方百计研制节油产品。

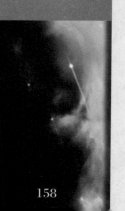

波音公司最小和最大的飞机

波音公司第一架水上飞机为其生产的最小的飞机，净重1270千克，翼展15.8米，机长9.48米，乘载2人，最大速度120千米/小时，最大航程512千米，售价1万美元多一点；而今最大的波音飞机——波音747-8，总重497.2吨，翼展68.5米，

波音247（下）和现代的波音777（上）

机长74.2米，能载467人，航程14815千米，最大速度988千米/小时，售价3.514亿美元。

波音 777

策，减产石油并对一些国家实行石油禁运，导致发生了一场"能源危机"。能源危机使燃料价格上涨，引起航空公司对飞机耗油率的高度重视。他们希望制造商能提供节省燃料的新型飞机，这就是波音 757（现已停产）和 767 两种新飞机来到人世间的催化剂。

波音 767 是一种双通道宽体客机，是为弥补波音 747 大踏步跳跃留下的市场空隙而研制的。1981 年 8 月，波音 767 率先出厂，9 月 26 日首次试飞，经过不到一年的试飞，顺利投入商业运营。

波音 767 是双发飞机跨洋飞行的先锋，1985 年 5 月，波音 767 第一个获得双发增程飞行证书。过去越洋飞行的飞机必须要装 4 台（或起码是 3 台）发动机，现在波音 767 具有在万一一台发动机发生故障的情况下还能坚持飞行 2~3 小时的能力。正是因为具备了这种能力，波音 767 逐步打开销路。截至 2015 年 11 月底，波音 767 售出 1162 架，交付 1083 架，成为波音系列中新的庞大机群。

无纸设计的波音 777

1986 年冬天，波音公司考虑发展一种填补波音 767-300 和波音 747-400 之间的市场空白的飞机。面对麦道公司和欧洲空客公司已经推出的 MD-11 和 A340 / 330 的竞争，波音公司别无选择，只有以更加完善的组织模式和更加创新的技术研制出能满足用户需求的波音 777 飞机。

在管理模式上，波音公司第一次大规模实行和用户"携手合作"的办法。波音公司邀请美国联航等 8 家航空公司派出技术人员，自始至终都与波音公司工程部门一起工作。

在技术创新方面，波音777比以前各型波音飞机向前迈出了一大步。例如，机翼设计采用效率最高的空气动力学翼型；为了减少机场拥挤，机翼翼尖可以折叠；用户可以自主选择由三家发动机公司研制的不同发动机；在飞机结构上广泛使用复合材料（占结构重量的比例达到9%，是过去的3倍）；采用能降低重量、简化装配、方便维护的三轴电传飞行控制系统。波音公司还第一次全部使用计算机辅助设计和制造系统，实现了"无纸设计"，并采用电子方式化预装配整架飞机，提高了精度，改进了质量。

1994年6月，第一架波音777首次试飞，随后用5架飞机完成了11个月的试飞计划。1995年4月19日，波音777成为第一种获得美国联邦航空局和欧洲联合适航局颁发的型号设计证书和生产许可证的飞机。同年5月3日，波音777又成为航空史上第一种在开始投入使用就获准进行"双发延程飞行"的飞机。一周后，波音777在美国联合航空公司投入客运，成为世界上最大的双发喷气客机。

2012年3月，波音777总产量达到1000架，成为双通道飞机中总产量达1000架的最快的机型。截至2015年11月30日，波音777共获得1885架订单，已经交付1355架。

梦想飞机波音787

波音787中型双发宽体中远程运输机，号称"梦想飞机"，是波音公司1990年启动波音777计划后14年来推出的首款全新机型。研制过程中，波音公司有三方面的创新：适合市场需要的新理念，实现更多"城市对"之间的直达飞行；符合节能、环保要求的新技术，最突出的是大量使用复合材料（占机身结构总质量的50%）和采用涵道比约为10的发动机（当前发动机的涵道比约为7）；运用组织生产的新模式——更多地依靠供应商。

在供应商管理方面波音787也引发了一场革命。以前波音公司的供应商是生产一个一个的零部件，现在是生产一个系统，如一个机身段、发动机、座舱等。在787项目上，波音公司首次采取了全球供应链的战略：除自己的工厂外，波音公司只面对全球23个一级供应商，数量与过去相比大为减少。

2004年4月，日本全日空航空公司宣布订购50架波音787，成为波音787的第一个买家，也标志着波音787计划正式启动。计划启动后，

翼型

　　翼型指飞机机翼、直升机旋翼和螺旋桨叶片的剖面形状，亦称翼剖面，是组成翼面的基本元素。按使用速度分为低速、亚声速（层流）、跨声速和超声速翼型。

供应链

　　飞机作为一种最复杂的产品之一，集成了数百万个零部件。因此，为一架飞机提供各种产品的整个供应链的协作是确保飞机成品可靠性、按时交付并在预算内达到最高质量标准的关键。当代飞机制造业大致经历了自我研制、通过订单转包生产和"模块化"发展三个发展阶段。但这种模块化生产模式在降低成本、加快进度的同时也带来巨大风险，数以千计的全球供应商只要有一处出现问题，便可能令整个系统的进展受阻。为此，如何管理好供应链正在成为飞机制造商的重要课题。

波音公司所有宽体客机都是在埃弗雷特总装厂生产的，这里正在制造的飞机是波音767

波音787大受欢迎，截至2007年8月7日第一架飞机出厂时，波音公司拿到677架订单，是波音747出厂时拿到92架订单的7倍多。

但是，好事多磨。按预定进度，第一架波音787应于2008年5月交付，但实际上到2011年9月27日第一架波音787才飞抵东京，整整拖延了3年零4个月。如此长时间的交付延误，完全打乱了一些航空公司发展的规划。飞机投入使用不久，在2013年1月6日—16日的10天内，全日空和日航这两家日本最大的航空公司，连续发生七起波音787事故，原因涉及电池电路起火、燃料泄漏、刹车装置故障、驾驶舱挡风玻璃出现裂痕等等，从而导致已经交付的几十架飞机全球停飞数月之久的尴尬局面。尽管如此，截至2015年11月，波音787的订单量仍达到1142架，已经交付354架。

从上面对波音公司近百年发展民用喷气客机历史的简单回顾中不难看出，尽管公司只有18年是在威廉·波音本人领导下运作的，但它一直遵循波音初创企业时确立起来的不断创新的传统。今天当人们走进波音公司办公楼时，会发现在一块铜牌上刻着他的遗言："我努力想使我周围的人像我一样感觉到，我们是一群新科技和新工业的拓荒者。我们所面临的难题都是前人见所未见与闻所未闻的。我们的任务是连续不断地进行研究和试验，使实验室尽可能适应生产的需要，不让飞行技术和设备方面的任何进展从我们身边溜过去。"

埃弗雷特总装厂

埃弗雷特总装厂是波音公司1966年为生产世界上第一种宽机身客机波音747而修建的，选址在距离西雅图以北48千米的斯诺霍米施县佩因机场旁边，1969年一期工程建成，波音747顺利投产。后来，随着型号的增加又多次扩建，1980年扩建了45%容纳767总装线；1993年又扩建了50%容纳777总装线。目前，该厂房拥有1330万立方米的空间，占地面积合39.8公顷，被《吉尼斯世界纪录大全》认定为世界上体积最大的建筑。

第四章 创新无限